普通高等教育**创新型**规划教材

结构矩阵分析
与程序设计

王道斌 主 编

李延强 副主编

李海艳

武兰河 主 审

人民交通出版社股份有限公司
China Communications Press Co.,Ltd.

内 容 提 要

本书内容主要包括五章和两个附录。第一章首先阐述了矩阵位移法分析平面一般结构的基本原理和步骤;第二章至第五章作为四个专题,分别阐述了平面刚架、平面桁架、连续梁和平面组合结构静力分析的程序设计方法,其中着重介绍了模块划分技巧以及 PAD 软件设计新方法。通过各章的程序设计,阐述了结构总刚的几种储存技巧以及相应的线性方程组的求解方法,提出了"前后处理结合法"处理支撑条件的概念,并给出了求连续梁结构的位移和内力影响线的程序设计。对于弹性支撑、变截面杆件、内部铰结点等情况的处理,也作了适当的介绍。附录 I 对 PAD 软件设计方法的基本概念给予了简单介绍。附录 II 则对 C++ 语言在程序设计中的应用要点进行了概括。各章均附有算例,说明程序的具体应用,同时附有一定数量的习题。

本书可作为本科土木、水利、工程力学等专业学生使用的教材,也可作为教师、研究生及有关工程技术人员的参考书。

图书在版编目(CIP)数据

结构矩阵分析与程序设计 / 王道斌主编. —北京：
人民交通出版社股份有限公司, 2016.2
  ISBN 978-7-114-12750-2

  I.①结… II.①王… III.①矩阵法分析—程序设计
IV.①TU311.41

  中国版本图书馆 CIP 数据核字(2016)第 014341 号

书　　　名:	结构矩阵分析与程序设计
著 作 者:	王道斌
责 任 编 辑:	王　霞　张江成
出 版 发 行:	人民交通出版社股份有限公司
地　　　址:	(100011)北京市朝阳区安定门外外馆斜街 3 号
网　　　址:	http://www.ccpress.com.cn
销 售 电 话:	(010)59757973
总 经 销:	人民交通出版社股份有限公司发行部
经　　　销:	各地新华书店
印　　　刷:	北京鑫正大印刷有限公司
开　　　本:	787×1092　1/16
印　　　张:	15
字　　　数:	340 千
版　　　次:	2016 年 2 月　第 1 版
印　　　次:	2016 年 2 月　第 1 次印刷
书　　　号:	ISBN 978-7-114-12750-2
定　　　价:	36.00 元

(有印刷、装订质量问题的图书由本公司负责调换)

前言

结构矩阵分析的原理、方法以及在计算机上的实现是结构力学的重要内容之一。学好这门课，是对土木、水利、工程力学等专业本科学生的基本要求。

本书作为我校本科生的内容讲义已使用十多年，修订过三次。本书是在第三次修订的基础上，集编者和教研室各位老师十多年来讲授该课的经验和教学改革的成果再次进行修改、补充而成的。与目前各高校使用的这方面的教材相比，该书具有两方面的特点：

（1）在教材结构上作了较大改进。本书在介绍了结构矩阵分析的原理后，先讲平面一般刚架的程序设计，再讲桁架、连续梁、组合结构的程序设计，即采用由一般到较难的顺序。这是因为：在讲一般原理时，是以平面一般结构进行的，因此，先讲平面刚架的程序设计，使得前后对应直接、密切，便于学生理解；又因为平面桁架和连续梁是矩阵分析的特例，讲清、讲透程序设计的方法扩展到组合结构就是顺理成章的事了。

（2）引进 Problem Analysis Diagram（简称 PAD）软件设计方法，即用 PAD 图代替传统的流程框图（Flow Chart，简称 FC 图）。与 FC 图相比，PAD 图更能简捷、明了地表现程序的逻辑过程，与理论计算公式和源程序对应关系密切，更易于初学者学习和掌握。

本书内容包括五章和两个附录，其中包括结构矩阵分析的一般原理，刚架、桁架、连续梁和组合结构的程序设计，附录Ⅰ为 PAD 基本概念简介，附录Ⅱ为 C++ 语言在程序设计应用要点概述。在内容安排上，力求做到前后连贯；在程序设计时，模块的划分力求与理论公式和计算步骤相对应，同时兼顾了程序的简捷、高效和模块的通用性。在编程的技巧和提高程序质量方面，采用由浅入深、逐步提高的方法，如先介绍总刚的方阵存储及其解法，再介绍等带宽存储及其解法等。各章对于程序的灵活运用以及程序的扩展给予了适当的介绍，以便同学们进一步提高。同时，各章还配有一定数量的例题和习题，使学生通过练习，巩固所学。

本书第一章至第三章和附录Ⅰ由王道斌教授执笔；第四章、第五章由李延强教授执笔；附录Ⅱ及各章 PAD 图和源程序由李海艳老师将原来的 VB 语言描述改为 C++ 语言描述，并进行了程序调试；张璟、刘晓慧、陈博文等研究生输出了全部书稿；结构力学教研室其他老师分别进行了认真校对。武兰河教授对全书进行了审阅。

本书在编写过程中，参考了大量相关文献，在此对文献的作者表示真诚的感谢。由于作者水平有限，书中难免出现缺点和错误，恳请读者批评指正。

编　者
2015 年 11 月

目录

第一章
结构矩阵分析原理

第一节 ▶ 概　述

在结构分析中,把各项计算公式表达成矩阵形式,进行矩阵运算,这种方法称为矩阵方法。矩阵方法用于分析杆件结构时,称为结构矩阵分析;用于分析连续体时,就称为有限元法。实际上,结构矩阵分析是有限元法在杆件结构中的应用,故可称为杆件有限元法。由于矩阵运算具有统一、紧凑的形式,便于编制计算机程序,适合在计算机上进行自动化处理,因此结构矩阵分析的方法得到越来越广泛的应用。它不仅解决了许许多多复杂的、人工不可能或很难完成的结构计算问题,而且它本身的理论、方法和手段也日臻完善。矩阵分析方法和计算机的广泛应用,必将加速对传统结构力学理论和应用的革新和发展。

结构矩阵分析的基本原理与传统的结构力学是相同的,只是把计算过程用矩阵运算来表示。用矩阵运算表示的力法称为矩阵力法(也称柔度法),而用矩阵运算表示的位移法则称为矩阵位移法(也称刚度法)。对于一个给定的超静定结构,在用矩阵力法求解时,由于基本结构的选取不是唯一的,故不便于编制通用的计算机程序,而用矩阵位移法求解时,基本结构和基本未知数(结点未知位移)都是唯一的,处理的方法也比较统一、简捷,很容易编制通用的计算机程序,因此,人们多采用矩阵位移法。矩阵位移法又分为一般刚度法和直接刚度法,两者的基本原理相同,但形成所谓的整体刚度方程的方法不同,直接刚度法比一般刚度法简单得多,故应用广泛。本书只介绍直接刚度法。

直接刚度法解题的思路是:首先把结构离散化,进行单元分析,即把结构中的一根杆件或杆件的一段作为一个单元,建立各个单元的杆端力与杆端位移之间的关系,得到各单元的单元刚度矩阵;其次进行整体分析,即根据平衡条件和几何条件(支撑条件和变形连续条件)建立结点荷载与结点位移之间的关系,得到结构刚度方程;最后在给定的条件下求解该方程得到结构的结点位移,进而求得各单元内力。

需要指出的是,结构矩阵分析的方法主要是为了编制程序在计算机上运算,它的计算步骤、处理方法和手段要求规范化、统一化。因此,学习结构矩阵分析,一定要从电算的角度去看问题,才能加深对问题的理解。

第二节 > 单元刚度矩阵

单元分析的任务,就是要建立各单元杆端力与杆端位移之间的转换关系,即单元刚度方

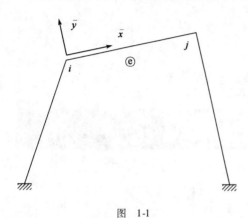

图 1-1

程。单元刚度矩阵则是单元杆端力与杆端位移之间的转换矩阵。为了便于分析,我们将在各单元的局部坐标系下讨论。

图 1-1 所示任一平面杆件结构,设其中某一杆件在整个结构中的杆件编号为ⓔ,它连接着两个结点 i 和 j。以 i 端(也称始端)为原点,从 i 端到 j 端(也称末端)的杆件方向为 $\bar{x}$ 轴正向,从 $\bar{x}$ 轴正向逆时针转 $90°$ 为 $\bar{y}$ 轴正向,则 $\overline{xiy}$ 称为ⓔ杆的局部坐标系(或单元坐标系)。

下面讨论几种常用单元在局部坐标系下的单元刚度矩阵。本章所讨论的单元限于:(1)杆件为等截面直杆;(2)单元的 EA、EI 值为常量。

一、平面一般单元

通常分析平面刚架时,为了简化计算,忽略了杆件轴向变形的影响。然而在结构矩阵分析中,若考虑结构轴向变形的影响,不仅能够提高计算精度,更便于程序编制,增加程序的通用性。因此,平面一般单元将考虑杆件轴向变形的影响。

如图 1-2 所示,对于平面一般单元ⓔ,每端均有三个杆端力分量,即 i 端的轴力 $\bar{F}_{Ni}^e$、剪力 $\bar{F}_{Si}^e$ 和弯矩 $\bar{M}_i^e$;j 端的轴力 $\bar{F}_{Nj}^e$、剪力 $\bar{F}_{Sj}^e$ 和弯矩 $\bar{M}_j^e$。与此相对应,每端均有三个杆端位移分量,即 i 端的轴向位移 $\bar{u}_i^e$、切向位移 $\bar{v}_i^e$ 和角位移 $\bar{\varphi}_i^e$;j 端的轴向位移 $\bar{u}_j^e$、切向位移 $\bar{v}_j^e$ 和角位移 $\bar{\varphi}_j^e$。各量上面的"—"表示它们是在局部坐标下的值,上标 e 表示ⓔ号单元,以下同理。

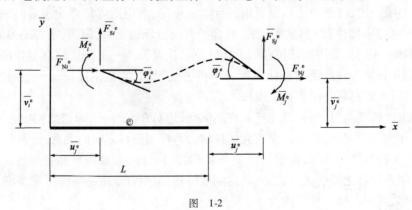

图 1-2

杆端力和杆端位移的正负号规定:杆端轴力$\overline{F}_N^e$和剪力$\overline{F}_S^e$分别与$\bar{x}$轴和$\bar{y}$轴正方向一致时为正,杆端弯矩$\overline{M}^e$以绕着杆端顺时针方向旋转为正;杆端位移的正负号与杆端力相对应。图1-2所示为杆端力和杆端位移的正方向。

对于单元ⓔ,设其杆长为L,抗拉刚度为EA,抗弯刚度为EI。设该单元的六个杆端位移分量为已知,同时杆上无荷载作用,要确定相应的六个杆端力分量,这就相当于两端固定梁,令其支座分别发生单位位移,求其在梁端产生的支座反力(图1-3)。由叠加原理可得杆端力与杆端位移之间的关系为:

$$
\left.\begin{aligned}
\overline{F}_{Ni}^e &= \frac{EA}{L}\,\bar{u}_i^e - \frac{EA}{L}\,\bar{u}_j^e \\[2mm]
\overline{F}_{Si}^e &= \frac{12EI}{L^3}\,\bar{v}_i^e - \frac{6EI}{L^2}\,\bar{\varphi}_i^e - \frac{12EI}{L^3}\,\bar{v}_j^e - \frac{6EI}{L^2}\,\bar{\varphi}_j^e \\[2mm]
\overline{M}_i^e &= -\frac{6EI}{L^2}\,\bar{v}_i^e + \frac{4EI}{L}\,\bar{\varphi}_i^e + \frac{6EI}{L^2}\,\bar{v}_j^e + \frac{2EI}{L}\,\bar{\varphi}_j^e \\[2mm]
\overline{F}_{Nj}^e &= -\frac{EA}{L}\,\bar{u}_i^e + \frac{EA}{L}\,\bar{u}_j^e \\[2mm]
\overline{F}_{Sj}^e &= -\frac{12EI}{L^3}\,\bar{v}_i^e + \frac{6EI}{L^2}\,\bar{\varphi}_i^e + \frac{12EI}{L^3}\,\bar{v}_j^e + \frac{6EI}{L^2}\,\bar{\varphi}_j^e \\[2mm]
\overline{M}_j^e &= -\frac{6EI}{L^2}\,\bar{v}_i^e + \frac{2EI}{L}\,\bar{\varphi}_i^e + \frac{6EI}{L^2}\,\bar{v}_j^e + \frac{4EI}{L}\,\bar{\varphi}_j^e
\end{aligned}\right\}
\tag{1-1}
$$

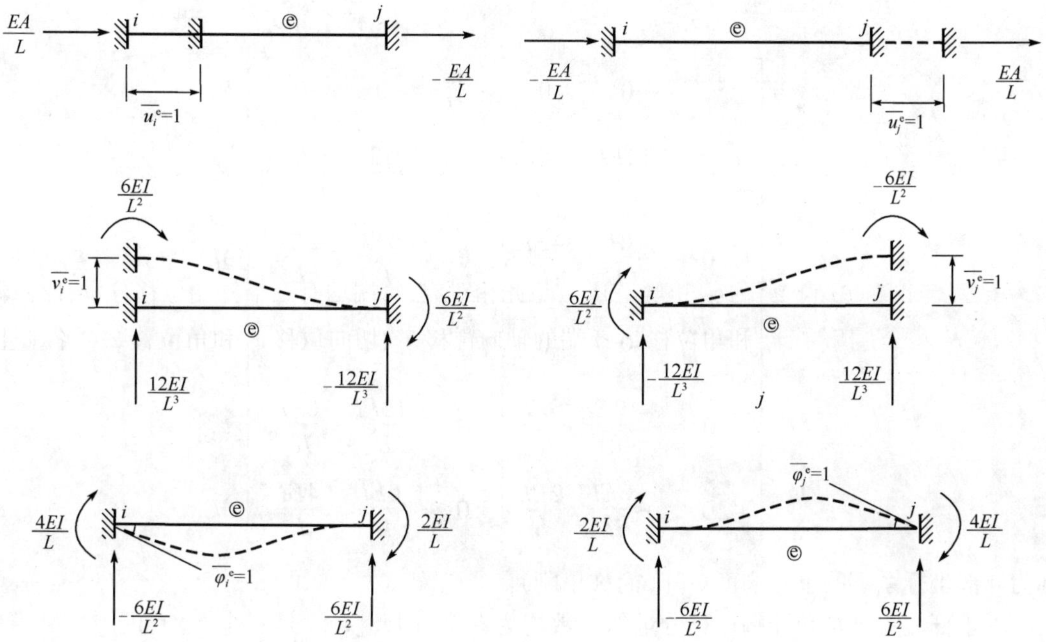

图 1-3

写成矩阵形式,有:

$$\left\{\begin{array}{c}\overline{F}_{Ni}^{e}\\[6pt]\overline{F}_{Si}^{e}\\[6pt]\overline{M}_{i}^{e}\\[6pt]\overline{F}_{Nj}^{e}\\[6pt]\overline{F}_{Sj}^{e}\\[6pt]\overline{M}_{j}^{e}\end{array}\right\}=\left[\begin{array}{cccccc}\dfrac{EA}{L} & 0 & 0 & -\dfrac{EA}{L} & 0 & 0\\[8pt]0 & \dfrac{12EI}{L^{3}} & -\dfrac{6EI}{L^{2}} & 0 & -\dfrac{12EI}{L^{3}} & -\dfrac{6EI}{L^{2}}\\[8pt]0 & -\dfrac{6EI}{L^{2}} & \dfrac{4EI}{L} & 0 & \dfrac{6EI}{L^{2}} & \dfrac{2EI}{L}\\[8pt]-\dfrac{EA}{L} & 0 & 0 & \dfrac{EA}{L} & 0 & 0\\[8pt]0 & -\dfrac{12EI}{L^{3}} & \dfrac{6EI}{L^{2}} & 0 & \dfrac{12EI}{L^{3}} & \dfrac{6EI}{L^{2}}\\[8pt]0 & -\dfrac{6EI}{L^{2}} & \dfrac{2EI}{L} & 0 & \dfrac{6EI}{L^{2}} & \dfrac{4EI}{L}\end{array}\right]\left\{\begin{array}{c}\overline{u}_{i}^{e}\\[6pt]\overline{v}_{i}^{e}\\[6pt]\overline{\varphi}_{i}^{e}\\[6pt]\overline{u}_{j}^{e}\\[6pt]\overline{v}_{j}^{e}\\[6pt]\overline{\varphi}_{j}^{e}\end{array}\right\} \tag{1-2}$$

简记为：

$$\{\overline{\boldsymbol{F}}\}^{\text{ⓔ}}=[\overline{\boldsymbol{k}}]^{\text{ⓔ}}\{\overline{\boldsymbol{\delta}}\}^{\text{ⓔ}} \tag{1-3}$$

式(1-2)或式(1-3)称为ⓔ单元的单元刚度方程，其中：

$$\{\overline{\boldsymbol{F}}\}^{\text{ⓔ}}=[\ \overline{F}_{Ni}^{e}\quad \overline{F}_{Si}^{e}\quad \overline{M}_{i}^{e}\ \vdots\ \overline{F}_{Nj}^{e}\quad \overline{F}_{Sj}^{e}\quad \overline{M}_{j}^{e}\ ]^{\mathrm{T}} \tag{1-4}$$

$$\{\overline{\boldsymbol{\delta}}\}^{\text{ⓔ}}=[\ \overline{u}_{i}^{e}\quad \overline{v}_{i}^{e}\quad \overline{\varphi}_{i}^{e}\ \vdots\ \overline{u}_{j}^{e}\quad \overline{v}_{j}^{e}\quad \overline{\varphi}_{j}^{e}\ ]^{\mathrm{T}} \tag{1-5}$$

分别称为ⓔ单元的杆端力列向量和杆端位移列向量，而：

$$
\begin{array}{cccccc}
\overline{u}_{i}^{e} & \overline{v}_{i}^{e} & \overline{\varphi}_{i}^{e} & \overline{u}_{j}^{e} & \overline{v}_{j}^{e} & \overline{\varphi}_{j}^{e}
\end{array}
$$

$$[\overline{\boldsymbol{k}}]^{\text{ⓔ}}=\left[\begin{array}{cccccc}\dfrac{EA}{L} & 0 & 0 & -\dfrac{EA}{L} & 0 & 0\\[8pt]0 & \dfrac{12EI}{L^{3}} & -\dfrac{6EI}{L^{2}} & 0 & -\dfrac{12EI}{L^{3}} & -\dfrac{6EI}{L^{2}}\\[8pt]0 & -\dfrac{6EI}{L^{2}} & \dfrac{4EI}{L} & 0 & \dfrac{6EI}{L^{2}} & \dfrac{2EI}{L}\\[8pt]-\dfrac{EA}{L} & 0 & 0 & \dfrac{EA}{L} & 0 & 0\\[8pt]0 & -\dfrac{12EI}{L^{3}} & \dfrac{6EI}{L^{2}} & 0 & \dfrac{12EI}{L^{3}} & \dfrac{6EI}{L^{2}}\\[8pt]0 & -\dfrac{6EI}{L^{2}} & \dfrac{2EI}{L} & 0 & \dfrac{6EI}{L^{2}} & \dfrac{4EI}{L}\end{array}\right]\begin{array}{c}\overline{F}_{Ni}^{e}\\[8pt]\overline{F}_{Si}^{e}\\[8pt]\overline{M}_{i}^{e}\\[8pt]\overline{F}_{Nj}^{e}\\[8pt]\overline{F}_{Sj}^{e}\\[8pt]\overline{M}_{j}^{e}\end{array} \tag{1-6}$$

称为局部坐标系下的单元刚度矩阵（简称单刚）。

由于杆端力分量和杆端位移分量的个数均为 6 个，因此$[\overline{\boldsymbol{k}}]^{\text{ⓔ}}$是一个 6×6 的方阵。需要说明的是，杆端力列向量和杆端位移列向量必须按照式(1-4)和式(1-5)排列，才能得到式(1-6)所示的$[\overline{\boldsymbol{k}}]^{\text{ⓔ}}$的形式。若排列顺序有变，则$[\overline{\boldsymbol{k}}]^{\text{ⓔ}}$中的元素位置也将随之改变。为了更明确地表示$[\overline{\boldsymbol{k}}]^{\text{ⓔ}}$中各行各列的元素与杆端力分量和杆端位移分量的对应关系，在式(1-6)的上方和右方分别注上了所对应的分量。

$[\overline{\boldsymbol{k}}]^{\text{ⓔ}}$中处在第 i 行和第 j 列的元素 $k_{ij}^{\text{ⓔ}}$ 的物理意义为：当第 j 个杆端位移分量为 1 而其余

杆端位移分量为 0 时,引起的第 i 个杆端力的值。

由式(1-6)可以看出,单刚$[\bar{\boldsymbol{k}}]^{\text{e}}$具有以下性质:

(1)对称性。由$[\bar{\boldsymbol{k}}]^{\text{e}}$中元素的物理意义及反力互等定理可知,$[\bar{\boldsymbol{k}}]^{\text{e}}$中位于主对角线两边对称位置的两个元素是相等的,即$k_{ij}^{\text{e}} = k_{ji}^{\text{e}}$。

(2)奇异性。由式(1-6)可见,若将$[\bar{\boldsymbol{k}}]^{\text{e}}$中第 1 行(或列)的各元素与第 4 行(或列)的各对应元素相加,所得的一行(或列)的元素全部为零,这表明矩阵$[\bar{\boldsymbol{k}}]^{\text{e}}$的行列式的值为零,所以$[\bar{\boldsymbol{k}}]^{\text{e}}$是不可求逆的(即奇异的)。因此,若给定了杆端位移$\{\bar{\boldsymbol{\delta}}\}^{\text{e}}$的值,可由式(1-3)求得杆端力$\{\bar{\boldsymbol{F}}\}^{\text{e}}$的值;但若给定了杆端力$\{\bar{\boldsymbol{F}}\}^{\text{e}}$的值,却不能由式(1-3)反求出杆端位移的值。其原因在于,我们所讨论的是一个自由单元,两端没有任何支承约束,此时杆件除了由杆端力的作用引发的弹性变形(轴向变形和弯曲变形)外,还可能发生任意的刚体位移,因此其位移解不是唯一的。

二、平面桁架单元(轴力单元)

对于平面桁架单元(也称轴力单元),两端只有轴向力,杆端剪力和弯矩均为零,如图 1-4 所示。

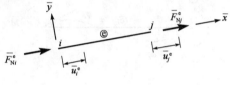

图　1-4

由胡克定律可得平面桁架单元的刚度方程为:

$$\left\{\begin{array}{c} \bar{F}_{\text{N}i}^{\text{e}} \\ \bar{F}_{\text{N}j}^{\text{e}} \end{array}\right\} = \begin{bmatrix} \dfrac{EI}{L} & -\dfrac{EI}{L} \\ -\dfrac{EI}{L} & \dfrac{EI}{L} \end{bmatrix} \left\{\begin{array}{c} \bar{u}_i^{\text{e}} \\ \bar{u}_j^{\text{e}} \end{array}\right\} \tag{1-7}$$

相应的单元刚度矩阵为:

$$[\bar{\boldsymbol{k}}]^{\text{e}} = \begin{bmatrix} \dfrac{EI}{L} & -\dfrac{EI}{L} \\ -\dfrac{EI}{L} & \dfrac{EI}{L} \end{bmatrix} \tag{1-8}$$

平面桁架单元的刚度矩阵$[\bar{\boldsymbol{k}}]^{\text{e}}$与式(1-6)具有相同的性质。

为了以后进行坐标变换的需要,可以把式(1-7)扩展成以下形式:

$$\left\{\begin{array}{c} \bar{F}_{\text{N}i}^{\text{e}} \\ \bar{F}_{\text{S}i}^{\text{e}} \\ \hline \bar{F}_{\text{N}j}^{\text{e}} \\ \bar{F}_{\text{S}j}^{\text{e}} \end{array}\right\} = \left[\begin{array}{cc:cc} \dfrac{EA}{L} & 0 & -\dfrac{EA}{L} & 0 \\ 0 & 0 & 0 & 0 \\ \hdashline -\dfrac{EA}{L} & 0 & \dfrac{EA}{L} & 0 \\ 0 & 0 & 0 & 0 \end{array}\right] \left\{\begin{array}{c} \bar{u}_i^{\text{e}} \\ \bar{v}_i^{\text{e}} \\ \hline \bar{u}_j^{\text{e}} \\ \bar{v}_j^{\text{e}} \end{array}\right\} \tag{1-9}$$

式(1-9)所对应的单元刚度矩阵为：

$$[\bar{k}]^{e} = \begin{bmatrix} \dfrac{EA}{L} & 0 & -\dfrac{EA}{L} & 0 \\ 0 & 0 & 0 & 0 \\ -\dfrac{EA}{L} & 0 & \dfrac{EA}{L} & 0 \\ 0 & 0 & 0 & 0 \end{bmatrix} \tag{1-10}$$

三、连续梁单元

对于连续梁单元，如果忽略其轴向变形，则各单元在杆端只有转角位移，没有线位移，如图1-5所示。由式(1-2)并注意到 $\bar{u}$、$\bar{v}$ 均为零，即可得到连续梁单元的单元刚度方程：

$$\left\{ \begin{matrix} \bar{M}_i^e \\ \bar{M}_j^e \end{matrix} \right\} = \begin{bmatrix} \dfrac{4EI}{L} & \dfrac{2EI}{L} \\ \dfrac{2EI}{L} & \dfrac{4EI}{L} \end{bmatrix} \left\{ \begin{matrix} \bar{\varphi}_i^e \\ \bar{\varphi}_j^e \end{matrix} \right\} \tag{1-11}$$

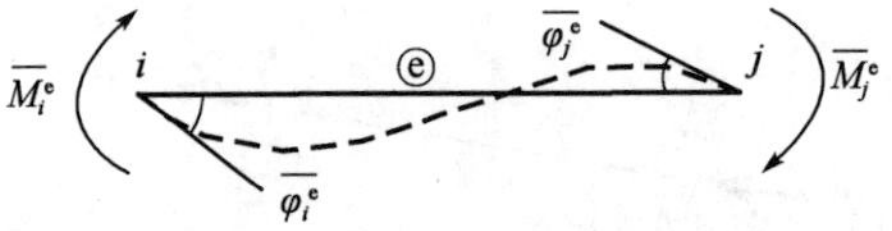

图　1-5

相应的单元刚度矩阵为：

$$[\bar{k}]^{e} \begin{bmatrix} \dfrac{4EI}{L} & \dfrac{2EI}{L} \\ \dfrac{2EI}{L} & \dfrac{4EI}{L} \end{bmatrix} \tag{1-12}$$

第三节 ➤ 单元刚度矩阵的坐标变换

上一节所建立的单元刚度矩阵，是以杆件的局部坐标系作为参照系的。但是，对于一般结构而言，各杆的轴向并不完全一致(连续梁除外)，因此其局部坐标系就不可能取的完全相同。而在进行结构的整体分析时，要研究结构的几何条件和平衡条件，必须参照一个共同的坐标系，称其为结构坐标系或整体坐标系，用 xOy 表示，结构坐标系一般选取平面笛卡尔直角坐标系。因此，在进行整体分析之前，应先把局部坐标系下的单元刚度矩阵 $[\bar{k}]^{e}$、杆端力向量 $\{\bar{F}\}^{e}$ 和杆端位移向量 $\{\bar{\delta}\}^{e}$ 等转换到结构坐标系中。下面分几种单元分别讨论。

一、平面一般单元的坐标变换

图1-6所示为一平面一般单元ⓔ，其始末端结点号分别为 i 和 j，$\bar{x}i\bar{y}$ 为该单元的局部坐标系，xOy 为结构坐标系。设 $\bar{x}$ 轴与 x 轴之间的夹角为 α，规定从 x 轴逆时针转到 $\bar{x}$ 轴为正。

在局部坐标系中的杆端力向量 $\{\bar{F}\}^{e}$ 和杆端位移向量 $\{\bar{\delta}\}^{e}$ 分别如式(1-4)和式(1-5)所示。设单元ⓔ在结构坐标系下的杆端力向量和杆端位移向量分别表示为：

$$\{\boldsymbol{F}\}^{\text{\tiny ⓔ}} = [\ F_{xi}^{e} \quad F_{yi}^{e} \quad M_{i}^{e} \quad F_{xj}^{e} \quad F_{yj}^{e} \quad M_{j}^{e}\ ]^{\text{T}} \tag{1-13}$$

$$\{\boldsymbol{\delta}\}^{\text{\tiny ⓔ}} = [\ u_{i}^{e} \quad v_{i}^{e} \quad \varphi_{i}^{e} \quad u_{j}^{e} \quad v_{j}^{e} \quad \varphi_{j}^{e}\ ]^{\text{T}} \tag{1-14}$$

其中规定杆端力 F_{x}^{e}、F_{y}^{e} 和杆端线位移 u^{e}、v^{e} 以与结构坐标系正方向一致者为正；杆端弯矩 M^{e} 和角位移 φ^{e} 规定以顺时针方向为正。

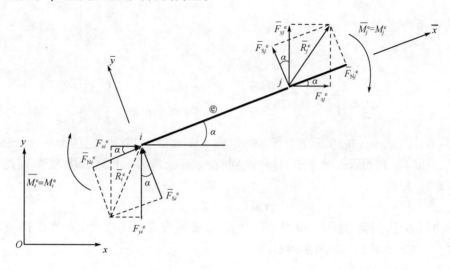

图 1-6

1.杆端力的变换

把单元ⓔ的 i 端轴力 $\overline{F}_{\text{N}i}^{e}$ 和剪力 $\overline{F}_{\text{S}i}^{e}$ 的合力 $\overline{R}_{i}^{e}$ 在结构坐标系 xOy 中分解，即可得到 F_{xi}^{e} 和 F_{yi}^{e}，由投影关系（图 1-6）可得：

$$\left.\begin{array}{l} \overline{F}_{\text{N}i}^{e} = F_{xi}^{e}\cos\alpha + F_{yi}^{e}\sin\alpha \\[2mm] \overline{F}_{\text{S}i}^{e} = -F_{xi}^{e}\sin\alpha + F_{yi}^{e}\cos\alpha \end{array}\right\} \tag{1-15}$$

同理可得：

$$\left.\begin{array}{l} \overline{F}_{\text{N}j}^{e} = F_{xj}^{e}\cos\alpha + F_{yj}^{e}\sin\alpha \\[2mm] \overline{F}_{\text{S}j}^{e} = -F_{xj}^{e}\sin\alpha + F_{yj}^{e}\cos\alpha \end{array}\right\} \tag{1-16}$$

另外，由于在两种坐标系中，两种坐标系下的杆端弯矩都是作用在同一平面内，是垂直于坐标平面的向量，因此不受平面坐标变换的影响，故有：

$$\left.\begin{array}{l} \overline{M}_{i}^{e} = M_{i}^{e} \\[2mm] \overline{M}_{j}^{e} = M_{j}^{e} \end{array}\right\} \tag{1-17}$$

把式(1-15)～式(1-17)三式合并成矩阵形式（记 $C_{x}=\cos\alpha$，$C_{y}=\sin\alpha$，下同），则有：

$$\left\{\begin{array}{c} \overline{F}_{\text{N}i}^{e} \\ \overline{F}_{\text{S}i}^{e} \\ \overline{M}_{i}^{e} \\ \overline{F}_{\text{N}j}^{e} \\ \overline{F}_{\text{S}j}^{e} \\ \overline{M}_{j}^{e} \end{array}\right\} = \left[\begin{array}{ccc|ccc} C & C_{y} & 0 & & & \\ -C_{y} & C_{x} & 0 & & [\boldsymbol{0}] & \\ 0 & 0 & 1 & & & \\ \hline & & & C_{x} & C_{y} & 0 \\ & [\boldsymbol{0}] & & -C_{y} & C_{x} & 0 \\ & & & 0 & 0 & 1 \end{array}\right] \left\{\begin{array}{c} F_{xi}^{e} \\ F_{yi}^{e} \\ M_{i}^{e} \\ F_{xj}^{e} \\ F_{yj}^{e} \\ M_{j}^{e} \end{array}\right\} \tag{1-18}$$

简记为：

$$\{\overline{\boldsymbol{F}}\}^{\textcircled{e}} = [\boldsymbol{T}]\{\boldsymbol{F}\}^{\textcircled{e}} \tag{1-19}$$

其中:

$$[\boldsymbol{T}] = \begin{bmatrix} \begin{array}{ccc|ccc} C_x & C_y & 0 & & & \\ -C_y & C_x & 0 & & [\boldsymbol{0}] & \\ 0 & 0 & 1 & & & \\ \hline & & & C_x & C_y & 0 \\ & [\boldsymbol{0}] & & -C_y & C_x & 0 \\ & & & 0 & 0 & 1 \end{array} \end{bmatrix} \tag{1-20}$$

式(1-20)即为平面一般单元的坐标转换矩阵。从该式可以看出,它的每一行(或列)的各元素的平方和均为 1,而所有两个不同行(或列)的对应元素的乘积之和均为零,因此,$[\boldsymbol{T}]$ 是一个正交矩阵,故有:

$$[\boldsymbol{T}]^{-1} = [\boldsymbol{T}]^{\mathrm{T}} \tag{1-21}$$

需要注意的是,杆端力 $\{\overline{\boldsymbol{F}}\}^{\textcircled{e}}$ 和 $\{\boldsymbol{F}\}^{\textcircled{e}}$ 中的元素必须按式(1-18)所示的次序排列时,坐标变换矩阵 $[\boldsymbol{T}]$ 才能有式(1-20)所示的形式。

2. 杆端位移的坐标变换

由于杆端位移分量和杆端力分量是一一对应的,且符号规定相同,因此两种坐标系下的杆端位移之间也有与式(1-19)相同的变换关系,即有:

$$\{\overline{\boldsymbol{\delta}}\}^{\textcircled{e}} = [\boldsymbol{T}]\{\boldsymbol{\delta}\}^{\textcircled{e}} \tag{1-22}$$

3. 单元刚度矩阵之间的坐标变换

在第二节推出了局部坐标系下的单元刚度方程,即式(1-3)。

$$\{\overline{\boldsymbol{F}}\}^{\textcircled{e}} = [\overline{\boldsymbol{k}}]^{\textcircled{e}}\{\overline{\boldsymbol{\delta}}\}^{\textcircled{e}}$$

把式(1-19)、式(1-22)所示的杆端力和杆端位移的变换关系代入式(1-3),得:

$$[\boldsymbol{T}]\{\boldsymbol{F}\}^{\textcircled{e}} = [\overline{\boldsymbol{k}}]^{\textcircled{e}}[\boldsymbol{T}]\{\boldsymbol{\delta}\}^{\textcircled{e}} \tag{1-23}$$

将式(1-23)两边同时左乘以 $[\boldsymbol{T}]^{-1}$,并注意到式(1-21),得:

$$\{\boldsymbol{F}\}^{\textcircled{e}} = [\boldsymbol{T}]^{\mathrm{T}}[\overline{\boldsymbol{k}}]^{\textcircled{e}}[\boldsymbol{T}]\{\boldsymbol{\delta}\}^{\textcircled{e}} \tag{1-24}$$

简记为:

$$\{\boldsymbol{F}\}^{\textcircled{e}} = [\boldsymbol{k}]^{\textcircled{e}}\{\boldsymbol{\delta}\}^{\textcircled{e}} \tag{1-25}$$

其中:

$$[\boldsymbol{k}]^{\textcircled{e}} = [\boldsymbol{T}]^{\mathrm{T}}[\overline{\boldsymbol{k}}]^{\textcircled{e}}[\boldsymbol{T}] \tag{1-26}$$

式(1-25)即为平面一般单元在结构坐标系下的单元刚度方程,而 $[\boldsymbol{k}]^{\textcircled{e}}$ 即是结构坐标系下的单元刚度矩阵,式(1-26)为两种坐标系下单元刚度矩阵的坐标变换公式。

为了在进行结构整体分析时便于书写和应用,可以把式(1-25)所示的单元刚度方程按始末端结点号 i、j 进行分块,写成以下形式:

$$\left\{\begin{array}{c} \{\boldsymbol{F}_i\}^{\textcircled{e}} \\ \hline \{\boldsymbol{F}_j\}^{\textcircled{e}} \end{array}\right\} = \begin{bmatrix} [\boldsymbol{k}_{ii}]^{\textcircled{e}} & [\boldsymbol{k}_{ij}]^{\textcircled{e}} \\ \hline [\boldsymbol{k}_{ji}]^{\textcircled{e}} & [\boldsymbol{k}_{jj}]^{\textcircled{e}} \end{bmatrix} \left\{\begin{array}{c} \{\boldsymbol{\delta}_i\}^{\textcircled{e}} \\ \hline \{\boldsymbol{\delta}_j\}^{\textcircled{e}} \end{array}\right\} \tag{1-27}$$

其中：

$$\{\boldsymbol{F}_i\}^{\text{e}} = \begin{Bmatrix} F_{xi}^{\text{e}} \\ F_{yi}^{\text{e}} \\ M_i^{\text{e}} \end{Bmatrix}, \quad \{\boldsymbol{F}_j\}^{\text{e}} = \begin{Bmatrix} F_{xj}^{\text{e}} \\ F_{yj}^{\text{e}} \\ M_j^{\text{e}} \end{Bmatrix}, \quad \{\boldsymbol{\delta}_i\}^{\text{e}} = \begin{Bmatrix} u_i^{\text{e}} \\ v_i^{\text{e}} \\ \varphi_i^{\text{e}} \end{Bmatrix}, \quad \{\boldsymbol{\delta}_j\}^{\text{e}} = \begin{Bmatrix} u_j^{\text{e}} \\ v_j^{\text{e}} \\ \varphi_i^{\text{e}} \end{Bmatrix} \qquad (1\text{-}28)$$

分别为始端 i 和末端 j 的杆端力向量和杆端位移向量。而单刚 $[\boldsymbol{k}]^{\text{e}}$ 的分块形式为：

$$[\boldsymbol{k}]^{\text{e}} = \begin{bmatrix} [\boldsymbol{k}_{ii}]^{\text{e}} & [\boldsymbol{k}_{ij}]^{\text{e}} \\ \hline [\boldsymbol{k}_{ji}]^{\text{e}} & [\boldsymbol{k}_{jj}]^{\text{e}} \end{bmatrix} \qquad (1\text{-}29)$$

式中：$[\boldsymbol{k}_{ii}]^{\text{e}}$、$[\boldsymbol{k}_{ij}]^{\text{e}}$、$[\boldsymbol{k}_{ji}]^{\text{e}}$、$[\boldsymbol{k}_{jj}]^{\text{e}}$——单元刚度矩阵 $[\boldsymbol{k}]^{\text{e}}$ 的四个子块，每一子块均是 3×3 阶的方阵。

根据矩阵运算的性质，式(1-27)又可写为：

$$\left. \begin{aligned} \{\boldsymbol{F}_i\}^{\text{e}} &= [\boldsymbol{k}_{ii}]^{\text{e}} \{\boldsymbol{\delta}_i\}^{\text{e}} + [\boldsymbol{k}_{ij}]^{\text{e}} \{\boldsymbol{\delta}_j\}^{\text{e}} \\ \{\boldsymbol{F}_j\}^{\text{e}} &= [\boldsymbol{k}_{ji}]^{\text{e}} \{\boldsymbol{\delta}_i\}^{\text{e}} + [\boldsymbol{k}_{jj}]^{\text{e}} \{\boldsymbol{\delta}_j\}^{\text{e}} \end{aligned} \right\} \qquad (1\text{-}30)$$

把式(1-6)和式(1-20)两式代入式(1-26)，通过矩阵运算，可得 $[\boldsymbol{k}]^{\text{e}}$ 中各元素的值，以子块形式给出如下：

$$[\boldsymbol{k}_{ii}]^{\text{e}} = \begin{bmatrix} \dfrac{EA}{L}C_x^2 + \dfrac{12EI}{L^3}C_y^2 & \left(\dfrac{EA}{L} - \dfrac{12EI}{L^3}\right)C_yC_x & \dfrac{6EI}{L^2}C_y \\ \left(\dfrac{EA}{L} - \dfrac{12EI}{L^2}\right)C_yC_x & \dfrac{EA}{L}C_y^2 + \dfrac{12EI}{L^3}C_x^2 & -\dfrac{6EI}{L^2}C_x \\ \dfrac{6EI}{L^2}C_y & -\dfrac{6EI}{L^2}C_x & \dfrac{4EI}{L} \end{bmatrix} \qquad (1\text{-}31\text{a})$$

$$[\boldsymbol{k}_{ij}]^{\text{e}} = \begin{bmatrix} -\left(\dfrac{EA}{L}C_x^2 + \dfrac{12EI}{L^3}C_y^2\right) & -\left(\dfrac{EA}{L} - \dfrac{12EI}{L^3}\right)C_yC_x & \dfrac{6EI}{L^2}C_y \\ -\left(\dfrac{EA}{L} - \dfrac{12EI}{L^3}\right)C_yC_x & -\left(\dfrac{EA}{L}C_y^2 + \dfrac{12EI}{L^3}C_x^2\right) & -\dfrac{6EI}{L^2}C_x \\ -\dfrac{6EI}{L^2}C_y & \dfrac{6EI}{L^2}C_x & \dfrac{2EI}{L} \end{bmatrix} \qquad (1\text{-}31\text{b})$$

$$[\boldsymbol{k}_{ji}]^{\text{e}} = \begin{bmatrix} -\left(\dfrac{EA}{L}C_x^2 + \dfrac{12EI}{L^3}C_y^2\right) & -\left(\dfrac{EA}{L} - \dfrac{12EI}{L^3}\right)C_yC_x & -\dfrac{6EI}{L^2}C_y \\ -\left(\dfrac{EA}{L} - \dfrac{12EI}{L^3}\right)C_yC_x & -\left(\dfrac{EA}{L}C_y^2 + \dfrac{12EI}{L^3}C_x^2\right) & -\dfrac{6EI}{L^2}C_x \\ -\dfrac{6EI}{L^2}C_y & \dfrac{6EI}{L^2}C_x & \dfrac{2EI}{L} \end{bmatrix} \qquad (1\text{-}31\text{c})$$

$$[\boldsymbol{k}_{jj}]^{\textcircled{e}} = \begin{bmatrix} \dfrac{EA}{L}C_x^2 + \dfrac{12EI}{L^3}C_y^2 & \left(\dfrac{EA}{L} - \dfrac{12EI}{L^3}\right)C_yC_x & -\dfrac{6EI}{L^2}C_y \\[3mm] \hline \left(\dfrac{EA}{L} - \dfrac{12EI}{L^3}\right)C_yC_x & \dfrac{EA}{L}C_y^2 + \dfrac{12EI}{L^3}C_x^2 & -\dfrac{6EI}{L^2}C_x \\[3mm] \hline -\dfrac{6EI}{L^2}C_y & \dfrac{6EI}{L^2}C_x & \dfrac{4EI}{L} \end{bmatrix} \quad (1\text{-}31\text{d})$$

若令

$$\left.\begin{aligned} b_1 &= \dfrac{EA}{L}C_x^2 + \dfrac{12EI}{L^3}C_y^2 \\[2mm] b_2 &= \left(\dfrac{EA}{L} - \dfrac{12EI}{L^3}\right)C_yC_x \\[2mm] b_3 &= \dfrac{6EI}{L^2}C_y \\[2mm] b_4 &= \dfrac{EA}{L}C_y^2 + \dfrac{12EI}{L^3}C_x^2 \\[2mm] b_5 &= \dfrac{6EI}{L^2}C_x \\[2mm] b_6 &= \dfrac{2EI}{L} \end{aligned}\right\} \quad (1\text{-}32)$$

则平面一般单元的单元刚度矩阵可表示为：

$$[\boldsymbol{k}]^{\textcircled{e}} = \begin{bmatrix} b_1 & b_2 & b_3 & -b_1 & -b_2 & b_3 \\ & b_4 & -b_5 & -b_2 & -b_4 & -b_5 \\ & & 2b_6 & -b_3 & b_5 & b_6 \\ \hline & \text{对} & & b_1 & b_2 & -b_3 \\ & & \text{称} & & b_4 & b_5 \\ & & & & & 2b_6 \end{bmatrix} \quad (1\text{-}33)$$

由式(1-31)和(1-33)可以看出,结构坐标系中的单元刚度矩阵$[\boldsymbol{k}]^{\textcircled{e}}$仍然是一个$6\times6$阶的对称矩阵(仍符合反力互等定理),并且是奇异矩阵(仍未考虑约束条件)。

二、平面桁架单元的坐标变换

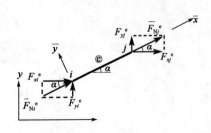

图　1-7

对于平面桁架杆件,杆端只有轴力$\overline{F}_N$,剪力和弯矩均为零。将两端的轴力$\overline{F}_{Ni}$和$\overline{F}_{Nj}$在结构坐标系下分解,如图1-7所示,即得到单元$\textcircled{e}$在结构坐标系下的杆端力列向量:

$$\{\boldsymbol{F}\}^{\textcircled{e}} = [F_{xi}^e, F_{yi}^e, F_{xj}^e, F_{yj}^e]^T \quad (1\text{-}34)$$

同理可得结构坐标系下的杆端位移列向量:

$$\{\boldsymbol{\delta}\}^{\textcircled{e}} = [u_i^e, v_i^e, u_j^e, v_j^e]^T \quad (1\text{-}35)$$

由图1-7根据投影关系,可得两种坐标系下杆端力的转换关系,其矩阵形式为:

$$\left\{\begin{array}{c}\overline{F}_{Ni}^{e} \\ \overline{F}_{Si}^{e} \\ \overline{F}_{Nj}^{e} \\ \overline{F}_{Sj}^{e}\end{array}\right\} = \left[\begin{array}{cc:cc} C_x & C_y & 0 & 0 \\ -C_y & C_x & 0 & 0 \\ \hdashline 0 & 0 & C_x & C_y \\ 0 & 0 & -C_y & C_x \end{array}\right]\left\{\begin{array}{c}F_{xi}^{e} \\ F_{yi}^{e} \\ F_{xj}^{e} \\ F_{yj}^{e}\end{array}\right\} \tag{1-36}$$

由式(1-36)可见,桁架单元的杆端力转换公式可以由平面一般单元的转换公式(1-18)划掉与杆端弯矩和角位移相对应的行和列而得到。若记:

$$[T] = \left[\begin{array}{cc:cc} C_x & C_y & 0 & 0 \\ -C_y & C_x & 0 & 0 \\ \hdashline 0 & 0 & C_x & C_y \\ 0 & 0 & -C_y & C_x \end{array}\right] \tag{1-37}$$

则$[T]$即为平面桁架单元的坐标变换矩阵,它是一个正交矩阵。

将式(1-36)简记为:

$$\{\overline{F}\}^{e} = [T]\{F\}^{e} \tag{1-38}$$

与平面一般单元的推导相似,可得平面桁架单元的杆端位移列向量和单元刚度矩阵的坐标变换公式,它们与平面一般单元的相应公式具有相同的形式,分别为:

$$\{\overline{\delta}\}^{e} = [T]\{\delta\}^{e} \tag{1-39}$$

$$[k]^{e} = [T]^{T}[\overline{k}]^{e}[T] \tag{1-40}$$

把式(1-10)和式(1-37)代入式(1-40),可得平面桁架单元在结构坐标系下的单元刚度矩阵:

$$[k]^{e} = \frac{EA}{L}\left[\begin{array}{cc:cc} C_x^2 & C_y C_x & -C_x^2 & -C_y C_x \\ & C_y^2 & -C_y C_x & -C_y^2 \\ \hdashline \text{对} & & C_x^2 & C_y C_x \\ \text{称} & & & C_y^2 \end{array}\right] \tag{1-41}$$

而$[k]^{e}$的四个子块分别为:

$$\left.\begin{array}{c}[k_{ii}]^{e} = [k_{jj}]^{e} = \dfrac{EA}{L}\left[\begin{array}{cc} C_x^2 & C_y C_x \\ C_y C_x & C_y^2 \end{array}\right] \\[4mm] [k_{ij}]^{e} = [k_{ji}]^{e} = \dfrac{EA}{L}\left[\begin{array}{cc} -C_x^2 & -C_y C_x \\ -C_y C_x & -C_y^2 \end{array}\right]\end{array}\right\} \tag{1-42}$$

三、连续梁单元的坐标变换

对于连续梁,由于总可以取各杆的局部坐标系与结构坐标系一致,因此无须进行坐标变换,即有:

$$\left\{\begin{array}{c}\overline{M}_i^{e} \\ \overline{M}_j^{e}\end{array}\right\} = \left\{\begin{array}{c}M_i^{e} \\ M_j^{e}\end{array}\right\}, \qquad \left\{\begin{array}{c}\overline{\varphi}_i^{e} \\ \overline{\varphi}_j^{e}\end{array}\right\} = \left\{\begin{array}{c}\varphi_i^{e} \\ \varphi_j^{e}\end{array}\right\} \tag{1-43}$$

$$[k]^{e} = [\overline{k}]^{e} = \left[\begin{array}{cc} \dfrac{4EI}{L} & \dfrac{2EI}{L} \\[3mm] \dfrac{2EI}{L} & \dfrac{4EI}{L} \end{array}\right] \tag{1-44}$$

第四节 ➤ 结构原始刚度矩阵的形成——直接刚度法

上面讨论了单元刚度方程和单元刚度矩阵的问题,即进行了单元分析。单元分析完成后,即可进行整体分析。所谓整体分析,就是在单元分析的基础上,考虑结点的几何条件和平衡条件,以建立结构的结点荷载与结点位移之间的关系,即结构的刚度方程,进一步即可求得结构的结点位移和各杆端力。本节的主要任务是讨论如何由各单元在结构坐标下的刚度矩阵组集结构的"原始刚度矩阵"。下面以平面刚架为例给予说明,桁架和连续梁的处理与其相似。

图1-8a)所示为一仅受结点荷载作用的平面刚架。对结构中所有的结点和杆件进行统一编号,其中1、2、3、4为结点号,①、②、③为单元号。这里把支座也视为结点进行了统一编号。图中以各杆轴上的箭头表示单元的局部坐标系中的 $\bar{x}$ 的正向,xOy 为结构坐标系。

设刚架所有结点(包括支座)位移都是未知数。把所有结点位移写在一起,即为结构的结点位移列向量,表示为:

$$\{\boldsymbol{\Delta}\}_0 = \left\{ \begin{array}{c} \{\boldsymbol{\Delta}_1\} \\ \{\boldsymbol{\Delta}_2\} \\ \{\boldsymbol{\Delta}_3\} \\ \{\boldsymbol{\Delta}_4\} \end{array} \right\} \tag{1-45}$$

其中:

$$\{\boldsymbol{\Delta}_i\} = \left\{ \begin{array}{c} u_i \\ v_i \\ \varphi_i \end{array} \right\} \quad (i=1,2,3,4) \tag{1-46}$$

分别为第 i 结点沿 x、y 方向的线位移和角位移,它们分别以沿 x、y 正向和顺时针转动为正。

与结点位移相对应的结点荷载(包括支座反力)列向量可表示为:

$$\{\boldsymbol{P}\}_0 = \left\{ \begin{array}{c} \{\boldsymbol{P}_1\} \\ \{\boldsymbol{P}_2\} \\ \{\boldsymbol{P}_3\} \\ \{\boldsymbol{P}_4\} \end{array} \right\} \tag{1-47}$$

其中:

$$\{\boldsymbol{P}_i\} = \left\{ \begin{array}{c} P_{xi} \\ P_{yi} \\ M_i \end{array} \right\} \quad (i=1,2,3,4) \tag{1-48}$$

分别为结点 i 处沿 x、y 和 φ 方向作用的集中力和集中力矩,它们分别以沿 x、y 轴正向和顺时针转动为正。

根据图1-8中所示的单元和结点编号,可知各单元所对应的始末端结点号分别为:

单元①: $i=1,j=2$;

单元②: $i=2,j=3$;

单元③: $i=3,j=4$。

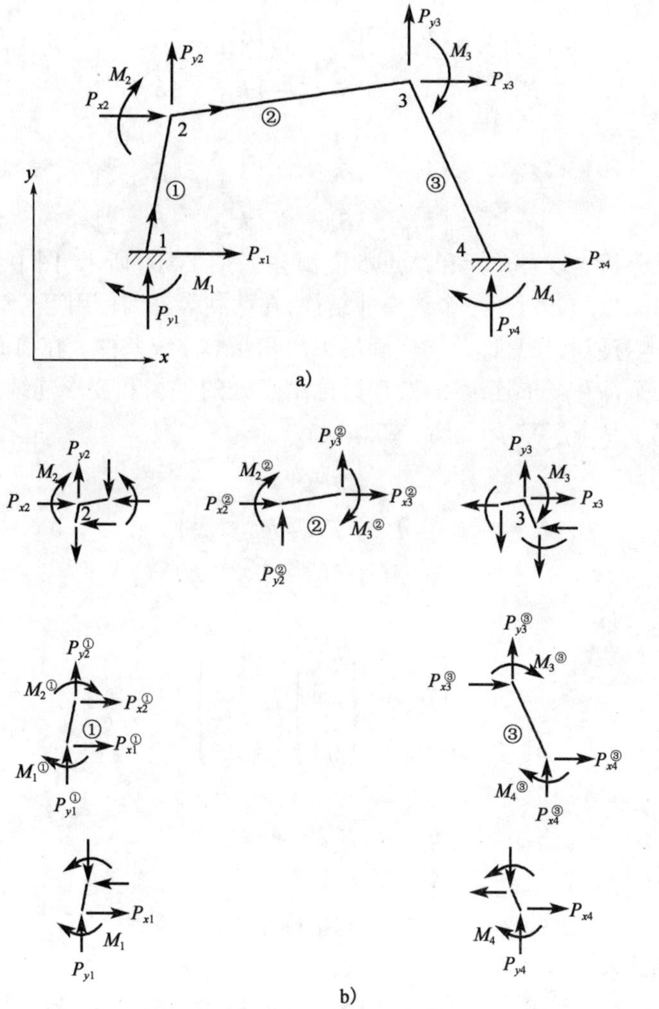

图 1-8

代入式(1-29),即得在结构坐标系下各单元用子块形式表示的单刚:

$$
[\boldsymbol{k}]^{①} = \begin{bmatrix} [\boldsymbol{k}_{11}]^{①} & [\boldsymbol{k}_{12}]^{①} \\ [\boldsymbol{k}_{21}]^{①} & [\boldsymbol{k}_{22}]^{①} \end{bmatrix}
$$

$$
[\boldsymbol{k}]^{②} = \begin{bmatrix} [\boldsymbol{k}_{22}]^{②} & [\boldsymbol{k}_{23}]^{②} \\ [\boldsymbol{k}_{32}]^{②} & [\boldsymbol{k}_{33}]^{②} \end{bmatrix}
$$

$$
[\boldsymbol{k}]^{③} = \begin{bmatrix} [\boldsymbol{k}_{33}]^{③} & [\boldsymbol{k}_{34}]^{③} \\ [\boldsymbol{k}_{43}]^{③} & [\boldsymbol{k}_{44}]^{③} \end{bmatrix}
$$

(1-49)

代入式(1-30),即得结构坐标系下各单元用子块形式表示的单元刚度方程:

单元①($i=1,j=2$)

$$
\begin{aligned}
\{\boldsymbol{F}_1\}^{①} &= [\boldsymbol{k}_{11}]^{①}\{\boldsymbol{\delta}_1\}^{①} + [\boldsymbol{k}_{12}]^{①}\{\boldsymbol{\delta}_2\}^{①} \\
\{\boldsymbol{F}_2\}^{①} &= [\boldsymbol{k}_{21}]^{①}\{\boldsymbol{\delta}_1\}^{①} + [\boldsymbol{k}_{22}]^{①}\{\boldsymbol{\delta}_2\}^{①}
\end{aligned}
$$

(1-50)

单元②($i = 2, j = 3$)

$$\left.\begin{aligned}\{\boldsymbol{F}_2\}^{②} &= [\boldsymbol{k}_{22}]^{②}\{\boldsymbol{\delta}_2\}^{②} + [\boldsymbol{k}_{23}]^{②}\{\boldsymbol{\delta}_3\}^{②}\\\{\boldsymbol{F}_3\}^{②} &= [\boldsymbol{k}_{32}]^{②}\{\boldsymbol{\delta}_2\}^{②} + [\boldsymbol{k}_{33}]^{②}\{\boldsymbol{\delta}_3\}^{②}\end{aligned}\right\} \tag{1-51}$$

单元③($i = 3, j = 4$)

$$\left.\begin{aligned}\{\boldsymbol{F}_3\}^{③} &= [\boldsymbol{k}_{33}]^{③}\{\boldsymbol{\delta}_3\}^{③} + [\boldsymbol{k}_{34}]^{③}\{\boldsymbol{\delta}_4\}^{③}\\\{\boldsymbol{F}_4\}^{③} &= [\boldsymbol{k}_{43}]^{③}\{\boldsymbol{\delta}_3\}^{③} + [\boldsymbol{k}_{44}]^{③}\{\boldsymbol{\delta}_4\}^{③}\end{aligned}\right\} \tag{1-52}$$

现在进行整体分析。取各单元和结点的隔离体如图 1-8b)所示,图中各单元杆端力和结点荷载均是按正向画出的。对于一个线弹性结构,在荷载等外因作用下,其变形和内力应有唯一解。因此,结构本身或其任意部分均应满足平衡和变形连续条件。在前面的单元分析中,已经保证了各单元的平衡和变形连续条件,现讨论结点处的平衡和变形连续条件。以结点 2 为例,由平衡条件 $\sum F_x = 0$、$\sum F_y = 0$、$\sum M = 0$,可得:

$$P_{x2} = F_{x2}^{①} + F_{x2}^{②}$$
$$P_{y2} = F_{y2}^{①} + F_{y2}^{②}$$
$$M_2 = M_2^{①} + M_2^{②}$$

写成矩阵形式,为:

$$\begin{Bmatrix}P_{x2}\\P_{y2}\\M_2\end{Bmatrix} = \begin{Bmatrix}F_{x2}^{①}\\F_{y2}^{①}\\M_2^{①}\end{Bmatrix} + \begin{Bmatrix}F_{x2}^{②}\\F_{y2}^{②}\\M_2^{②}\end{Bmatrix}$$

或

$$\{\boldsymbol{P}_2\} = \{\boldsymbol{F}_2\}^{①} + \{\boldsymbol{F}_2\}^{②} \tag{1-53}$$

式中: $\{\boldsymbol{P}_2\}$——作用在结点 2 上的外荷载;

$\{\boldsymbol{F}_2\}^{①}$、$\{\boldsymbol{F}_2\}^{②}$——单元①和②在 2 端的结构坐标系下的杆端力。

将式(1-50)和式(1-51)代入式(1-53),得:

$$\{\boldsymbol{P}_2\} = [\boldsymbol{k}_{21}]^{①}\{\boldsymbol{\delta}_1\}^{①} + [\boldsymbol{k}_{22}]^{①}\{\boldsymbol{\delta}_2\}^{①} + [\boldsymbol{k}_{22}]^{②}\{\boldsymbol{\delta}_2\}^{②} + [\boldsymbol{k}_{23}]^{②}\{\boldsymbol{\delta}_3\}^{②} \tag{1-54}$$

由于各结点应满足变形连续条件,因此有:

$$\left.\begin{aligned}\{\boldsymbol{\delta}_1\}^{①} &= \{\boldsymbol{\Delta}_1\}\\\{\boldsymbol{\delta}_2\}^{①} &= \{\boldsymbol{\delta}_2\}^{②} = \{\boldsymbol{\Delta}_2\}\\\{\boldsymbol{\delta}_3\}^{②} &= \{\boldsymbol{\delta}_3\}^{③} = \{\boldsymbol{\Delta}_3\}\\\{\boldsymbol{\delta}_4\}^{③} &= \{\boldsymbol{\Delta}_4\}\end{aligned}\right\} \tag{1-55}$$

代入式(1-54),整理得:

$$\{\boldsymbol{P}_2\} = [\boldsymbol{k}_{21}]^{①}\{\boldsymbol{\Delta}_1\} + ([\boldsymbol{k}_{22}]^{①} + [\boldsymbol{k}_{22}]^{②})\{\boldsymbol{\Delta}_2\} + [\boldsymbol{k}_{23}]^{②}\{\boldsymbol{\Delta}_3\}$$

同理,对于结点 1、3、4 可列出类似方程。将其写在一起,有:

$$\{\boldsymbol{P}_1\} = [\boldsymbol{k}_{11}]^{①}\{\boldsymbol{\Delta}_1\} + [\boldsymbol{k}_{12}]^{①}\{\boldsymbol{\Delta}_2\}$$
$$\{\boldsymbol{P}_2\} = [\boldsymbol{k}_{21}]^{①}\{\boldsymbol{\Delta}_1\} + ([\boldsymbol{k}_{22}]^{①} + [\boldsymbol{k}_{22}]^{②})\{\boldsymbol{\Delta}_2\} + [\boldsymbol{k}_{23}]^{②}\{\boldsymbol{\Delta}_3\}$$
$$\{\boldsymbol{P}_3\} = [\boldsymbol{k}_{32}]^{②}\{\boldsymbol{\Delta}_2\} + ([\boldsymbol{k}_{33}]^{②} + [\boldsymbol{k}_{33}]^{③})\{\boldsymbol{\Delta}_3\} + [\boldsymbol{k}_{34}]^{③}\{\boldsymbol{\Delta}_4\}$$
$$\{\boldsymbol{P}_4\} = [\boldsymbol{k}_{43}]^{③}\{\boldsymbol{\Delta}_3\} + [\boldsymbol{k}_{44}]^{③}\{\boldsymbol{\Delta}_4\}$$

写成矩阵形式为:

$$\begin{Bmatrix} \{\boldsymbol{P}_1\} \\ \{\boldsymbol{P}_2\} \\ \{\boldsymbol{P}_3\} \\ \{\boldsymbol{P}_4\} \end{Bmatrix} = \begin{bmatrix} [\boldsymbol{k}_{11}]^① & [\boldsymbol{k}_{12}]^① & [\boldsymbol{0}] & [\boldsymbol{0}] \\ [\boldsymbol{k}_{21}]^① & [\boldsymbol{k}_{22}]^① + [\boldsymbol{k}_{22}]^② & [\boldsymbol{k}_{23}]^② & [\boldsymbol{0}] \\ [\boldsymbol{0}] & [\boldsymbol{k}_{32}]^② & [\boldsymbol{k}_{33}]^② + [\boldsymbol{k}_{33}]^③ & [\boldsymbol{k}_{34}]^③ \\ [\boldsymbol{0}] & [\boldsymbol{0}] & [\boldsymbol{k}_{43}]^③ & [\boldsymbol{k}_{44}]^③ \end{bmatrix} \begin{Bmatrix} \{\boldsymbol{\Delta}_1\} \\ \{\boldsymbol{\Delta}_2\} \\ \{\boldsymbol{\Delta}_3\} \\ \{\boldsymbol{\Delta}_4\} \end{Bmatrix} \quad (1\text{-}56)$$

简记为:

$$\{\boldsymbol{P}\}_0 = [\boldsymbol{K}]_0 \{\boldsymbol{\Delta}\}_0 \quad (1\text{-}57)$$

式(1-56)或式(1-57)称为"结构的原始刚度方程",它表示的是结点荷载与结点位移之间的关系。

所谓"原始",是指对该方程还未引入支撑条件。$[\boldsymbol{K}]_0$ 称为"结构的原始刚度矩阵",或称"结构总刚度矩阵"(简称总刚),其分块形式为:

$$[\boldsymbol{K}]_0 = \begin{matrix} & 1 & 2 & 3 & 4 & \\ & \begin{bmatrix} \boldsymbol{K}_{11} & \boldsymbol{K}_{12} & \boldsymbol{K}_{13} & \boldsymbol{K}_{14} \\ \boldsymbol{K}_{21} & \boldsymbol{K}_{22} & \boldsymbol{K}_{23} & \boldsymbol{K}_{24} \\ \boldsymbol{K}_{31} & \boldsymbol{K}_{32} & \boldsymbol{K}_{33} & \boldsymbol{K}_{34} \\ \boldsymbol{K}_{41} & \boldsymbol{K}_{42} & \boldsymbol{K}_{43} & \boldsymbol{K}_{44} \end{bmatrix} & \begin{matrix} 1 \\ 2 \\ 3 \\ 4 \end{matrix} \end{matrix}$$

$$= \begin{bmatrix} [\boldsymbol{k}_{11}]^① & [\boldsymbol{k}_{12}]^① & [\boldsymbol{0}] & [\boldsymbol{0}] \\ [\boldsymbol{k}_{21}]^① & [\boldsymbol{k}_{22}]^{①+②} & [\boldsymbol{k}_{23}]^② & [\boldsymbol{0}] \\ [\boldsymbol{0}] & [\boldsymbol{k}_{32}]^② & [\boldsymbol{k}_{33}]^{②+③} & [\boldsymbol{k}_{34}]^③ \\ [\boldsymbol{0}] & [\boldsymbol{0}] & [\boldsymbol{k}_{43}]^③ & [\boldsymbol{k}_{44}]^③ \end{bmatrix} \quad (1\text{-}58)$$

式中:$[\boldsymbol{k}_{22}]^{①+②} = [\boldsymbol{k}_{22}]^① + [\boldsymbol{k}_{22}]^②$,其余类似。

从式(1-58)可以看出,分块形式的总刚 $[\boldsymbol{K}]_0$ 的行数和列数都与结构的结点数相等,而每一子块均为 3×3 的方阵,所以结构原始刚度矩阵的阶数等于 3 倍的结点数。同时还看出,各单元对结构原始刚度矩阵有影响的子块的两个下标与结构原始刚度矩阵中同一子块的两个下标完全相同。例如单元②,其单元刚度矩阵的 4 个子块为:

$$[\boldsymbol{k}]^② = \begin{bmatrix} [\boldsymbol{k}_{22}]^② & [\boldsymbol{k}_{23}]^② \\ [\boldsymbol{k}_{32}]^② & [\boldsymbol{k}_{33}]^② \end{bmatrix}$$

这 4 个子块在式(1-58)的 $[\boldsymbol{K}]_0$ 中所处的行和列的位置与这 4 个子块的下标正好相同。因此可以得出组集结构原始刚度矩阵的规律:把每个单元刚度矩阵的 4 个子块按其下标的号码分别送到结构原始刚度矩阵中相应的位置上去(此即所谓的"对号入座法");各单元具有相同下标的子块被送到总刚中同一位置上叠加起来;而 $[\boldsymbol{K}]_0$ 中没有子块入座的子块以 $[\boldsymbol{0}]$ 子块补入。这种按照下标的号码由各单元刚度矩阵的子块对号入座直接形成总刚的方法,即称为直接刚度法。

若将 $[\boldsymbol{K}]_0$ 中主对角线上的子块称为主子块,其余称为副子块,则 $[\boldsymbol{K}]_0$ 中的主子块和副子块可按下述方法确定:

(1)主子块 $[\boldsymbol{k}_{ii}] = \sum [\boldsymbol{k}_{ii}]^e$,即 $[\boldsymbol{K}]_0$ 中的主子块 $[\boldsymbol{k}_{ii}]$ 为所有汇交于结点 i 的主子块

$[\boldsymbol{k}_{ii}]^{\ominus}$ 之和。

(2)副子块 $[\boldsymbol{k}_{ij}]$：当结点 i 和结点 j 为同一单元(例如单元ⓔ)的杆端号时，$[\boldsymbol{k}_{ij}] = [\boldsymbol{k}_{ij}]^{\ominus}$；当结点 i 和结点 j 不在同一单元时，$[\boldsymbol{k}_{ij}]^{\ominus} = [\boldsymbol{0}]$。

顺便指出，由以上所述组集总刚的方法和总刚中各元素的物理意义可知，结构的原始刚度矩阵 $[\boldsymbol{K}]_0$ 亦具有对称性(符合反力互等定理)和奇异性(没有引入支撑条件)。此外，$[\boldsymbol{K}]_0$ 是稀疏矩阵，其中含有大量零元素，通常结构愈大，其中所含的零元素就愈多，这是因为，当结点 i 和 j 不在同一单元上时，$[\boldsymbol{K}]_0$ 的副子块 $[\boldsymbol{k}_{ij}] = [\boldsymbol{0}]$。

例 1-1 求图 1-9 所示刚架的原始刚度矩阵。已知各杆 $E = 2 \times 10^8 \, \text{kN/m}^2$，$I = 32 \times 10^{-5} \, \text{m}^4$，$A = 1.0 \times 10^{-2} \, \text{m}^2$。

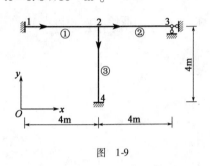

图 1-9

解:(1)对各单元和结点进行编号，并取结构坐标系和各单元局部坐标系(以各杆上的箭头表示该单元的 $\bar{x}$ 轴的正向)，如图 1-9 所示。

(2)计算各单元在结构坐标系下的单刚。

根据各单元始末端的结点号 i、j 的值，由式(1-29)可以写出各单元子块形式的单刚为：

$$[\boldsymbol{k}]^{①} = \left[\begin{array}{c:c} [\boldsymbol{k}_{11}]^{①} & [\boldsymbol{k}_{12}]^{①} \\ \hdashline [\boldsymbol{k}_{21}]^{①} & [\boldsymbol{k}_{22}]^{①} \end{array}\right]$$

$$[\boldsymbol{k}]^{②} = \left[\begin{array}{c:c} [\boldsymbol{k}_{22}]^{②} & [\boldsymbol{k}_{23}]^{②} \\ \hdashline [\boldsymbol{k}_{32}]^{②} & [\boldsymbol{k}_{33}]^{②} \end{array}\right]$$

$$[\boldsymbol{k}]^{③} = \left[\begin{array}{c:c} [\boldsymbol{k}_{22}]^{③} & [\boldsymbol{k}_{24}]^{③} \\ \hdashline [\boldsymbol{k}_{42}]^{③} & [\boldsymbol{k}_{44}]^{③} \end{array}\right]$$

由已知数据可算出以下各值：

$$\frac{EA}{L} = \frac{2 \times 10^8 \times 1.0 \times 10^{-2}}{4} = 500 \times 10^3 \, \text{kN/m}$$

$$\frac{12EI}{L^3} = \frac{12 \times 2 \times 10^8 \times 32 \times 10^{-5}}{4^3} = 12 \times 10^3 \, \text{kN/m}$$

$$\frac{6EI}{L^2} = 24 \times 10^3 \, \text{kN}$$

$$\frac{4EI}{L} = 64 \times 10^3 \, \text{kN} \cdot \text{m}$$

将以上各值及各单元的 α 值代入式(1-33)，即可得到各单元的单刚。为了方便处理，这里把单元②也作为两端固定梁对待。

对于①、②单元，$\alpha = 0$，$C_x = \cos\alpha = 1$，$C_y = \sin\alpha = 0$，将有关各值代入式(1-33)，可得：

$$\left[\begin{array}{c:c} [\boldsymbol{k}_{11}]^{①} & [\boldsymbol{k}_{12}]^{①} \\ \hdashline [\boldsymbol{k}_{21}]^{①} & [\boldsymbol{k}_{22}]^{①} \end{array}\right] = \left[\begin{array}{c:c} [\boldsymbol{k}_{22}]^{②} & [\boldsymbol{k}_{23}]^{②} \\ \hdashline [\boldsymbol{k}_{32}]^{②} & [\boldsymbol{k}_{33}]^{②} \end{array}\right]$$

$$= 10^3 \times \begin{bmatrix} 500 & 0 & 0 & -500 & 0 & 0 \\ 0 & 12 & -24 & 0 & -12 & -24 \\ 0 & -24 & 64 & 0 & 24 & 32 \\ -500 & 0 & 0 & 500 & 0 & 0 \\ 0 & -12 & 24 & 0 & 12 & 24 \\ 0 & -24 & 32 & 0 & 24 & 64 \end{bmatrix}$$

对于③单元，$\alpha = -90°$，$C_x = \cos\alpha = 0$，$C_y = \sin\alpha = -1$，将有关各值代入式(1-33)，可得：

$$\begin{bmatrix} [k_{22}]^{③} & [k_{24}]^{③} \\ [k_{42}]^{③} & [k_{44}]^{③} \end{bmatrix} = 10^3 \times \begin{bmatrix} 12 & 0 & -24 & -12 & 0 & -24 \\ 0 & 500 & 0 & 0 & 500 & 0 \\ -24 & 0 & 64 & 24 & 0 & 32 \\ -12 & 0 & 24 & 12 & 0 & 24 \\ 0 & -500 & 0 & 0 & 500 & 0 \\ -24 & 0 & 32 & 24 & 0 & 64 \end{bmatrix}$$

按各单刚子块的下标号码对号入座组集总刚：

$$[K]_0 = \begin{bmatrix} [k_{11}]^{①} & [k_{12}]^{①} & [0] & [0] \\ [k_{21}]^{①} & [k_{22}]^{①+②+③} & [k_{23}]^{②} & [k_{24}]^{③} \\ [0] & [k_{32}]^{②} & [k_{33}]^{②} & [0] \\ [0] & [k_{42}]^{③} & [0] & [k_{44}]^{③} \end{bmatrix}$$

$$= 10^3 \times \begin{bmatrix} 500 & 0 & 0 & -500 & 0 & 0 & & [0] & & & [0] & \\ & 12 & -14 & 0 & -12 & -24 & & & & & & \\ & & 64 & 0 & 24 & 32 & & & & & & \\ & & & 1012 & 0 & -24 & -500 & 0 & 0 & -12 & 0 & -24 \\ & & & & 524 & 0 & 0 & -12 & -24 & 0 & -500 & 0 \\ & & & & & 192 & 0 & 24 & 32 & 24 & 0 & 32 \\ & & & & & & 500 & 0 & 0 & & & \\ & 对 & & & & & & 12 & 24 & & [0] & \\ & & & & & & & & 64 & & & \\ & & & & & & & & & 12 & 0 & 24 \\ & 称 & & & & & & & & & 500 & 0 \\ & & & & & & & & & & & 64 \end{bmatrix}$$

例 1-2　求图 1-10a)所示桁架的原始总刚度矩阵。设各杆 $EA =$ 常数。

解：(1)对各单元和结点编号。取结构坐标系 xOy，并约定各单元的局部坐标系的 $\bar{x}$ 轴的

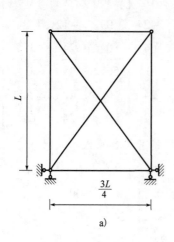 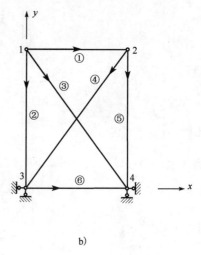

图 1-10

正向为由杆端的小号 i 端(始端)指向大号 j 端(末端),如图 1-10b)中的箭头所示。各单元的数据列于下表。

单元	$i \rightarrow j$	L_{ij}	$C_x = \cos\alpha$	$C_y = \sin\alpha$
①	$1 \rightarrow 2$	$3L/4$	1	0
②	$1 \rightarrow 3$	L	0	-1
③	$1 \rightarrow 4$	$5L/4$	$3/5$	$-4/5$
④	$2 \rightarrow 3$	$5L/4$	$-3/5$	$-4/5$
⑤	$2 \rightarrow 4$	L	0	-1
⑥	$3 \rightarrow 4$	$3L/4$	1	0

(2)计算各单元在结构坐标系下的单元刚度矩阵。

在结构坐标系下,平面桁架单元的单元刚度矩阵是 4×4 阶的方阵,将各单元的 EA/L、C_x、C_y 等值代入式(1-41),即得各单元的单刚。

单元①、⑥的单刚为:

$$
\begin{bmatrix}
[\boldsymbol{k}_{11}]^① & \vdots & [\boldsymbol{k}_{12}]^① \\
\cdots & \vdots & \cdots \\
[\boldsymbol{k}_{21}]^① & \vdots & [\boldsymbol{k}_{22}]^①
\end{bmatrix}
=
\begin{bmatrix}
[\boldsymbol{k}_{33}]^⑥ & \vdots & [\boldsymbol{k}_{34}]^⑥ \\
\cdots & \vdots & \cdots \\
[\boldsymbol{k}_{43}]^⑥ & \vdots & [\boldsymbol{k}_{44}]^⑥
\end{bmatrix}
= \frac{4EA}{3L}
\begin{bmatrix}
1 & 0 & -1 & 0 \\
0 & 0 & 0 & 0 \\
-1 & 0 & 1 & 0 \\
0 & 0 & 0 & 0
\end{bmatrix}
$$

单元②、⑤的单刚为:

$$
\begin{bmatrix}
[\boldsymbol{k}_{11}]^② & \vdots & [\boldsymbol{k}_{13}]^② \\
\cdots & \vdots & \cdots \\
[\boldsymbol{k}_{31}]^② & \vdots & [\boldsymbol{k}_{33}]^②
\end{bmatrix}
=
\begin{bmatrix}
[\boldsymbol{k}_{22}]^⑤ & \vdots & [\boldsymbol{k}_{24}]^⑤ \\
\cdots & \vdots & \cdots \\
[\boldsymbol{k}_{42}]^⑤ & \vdots & [\boldsymbol{k}_{44}]^⑤
\end{bmatrix}
= \frac{EA}{L}
\begin{bmatrix}
0 & 0 & 0 & 0 \\
0 & 1 & 0 & -1 \\
0 & 0 & 0 & 0 \\
0 & -1 & 0 & 1
\end{bmatrix}
$$

单元③的单刚为:

$$\begin{bmatrix} [\boldsymbol{k}_{11}]^{③} & \vdots & [\boldsymbol{k}_{14}]^{③} \\ \cdots & \vdots & \cdots \\ [\boldsymbol{k}_{41}]^{③} & \vdots & [\boldsymbol{k}_{44}]^{③} \end{bmatrix} = \frac{4EA}{125L} \begin{bmatrix} 9 & -12 & -9 & 12 \\ -12 & 16 & 12 & -16 \\ -9 & 12 & 9 & -12 \\ 12 & -16 & -12 & 16 \end{bmatrix}$$

单元④的单刚为：

$$\begin{bmatrix} [\boldsymbol{k}_{22}]^{④} & \vdots & [\boldsymbol{k}_{23}]^{④} \\ \cdots & \vdots & \cdots \\ [\boldsymbol{k}_{32}]^{④} & \vdots & [\boldsymbol{k}_{33}]^{④} \end{bmatrix} = \frac{4EA}{125L} \begin{bmatrix} 9 & 12 & -9 & -12 \\ 12 & 16 & -12 & -16 \\ -9 & -12 & 9 & 12 \\ -12 & -16 & 12 & 16 \end{bmatrix}$$

(3)按各单刚子块的下标号码对号入座组集总刚：

$$[\boldsymbol{K}]_0 = \begin{bmatrix} [\boldsymbol{k}_{11}]^{①+②+③} & \vdots & [\boldsymbol{k}_{12}]^{①} & \vdots & [\boldsymbol{k}_{13}]^{②} & \vdots & [\boldsymbol{k}_{14}]^{③} \\ \cdots & \vdots & \cdots & \vdots & \cdots & \vdots & \cdots \\ [\boldsymbol{k}_{21}]^{①} & \vdots & [\boldsymbol{k}_{22}]^{①+④+⑤} & \vdots & [\boldsymbol{k}_{23}]^{④} & \vdots & [\boldsymbol{k}_{24}]^{⑤} \\ \cdots & \vdots & \cdots & \vdots & \cdots & \vdots & \cdots \\ [\boldsymbol{k}_{31}]^{②} & \vdots & [\boldsymbol{k}_{32}]^{④} & \vdots & [\boldsymbol{k}_{33}]^{②+④+⑥} & \vdots & [\boldsymbol{k}_{34}]^{⑥} \\ \cdots & \vdots & \cdots & \vdots & \cdots & \vdots & \cdots \\ [\boldsymbol{k}_{41}]^{③} & \vdots & [\boldsymbol{k}_{42}]^{⑤} & \vdots & [\boldsymbol{k}_{43}]^{⑥} & \vdots & [\boldsymbol{k}_{44}]^{③+⑤+⑥} \end{bmatrix}$$

$$= \frac{EA}{375L} \begin{bmatrix} 608 & -444 & -500 & 0 & 0 & 0 & -108 & 144 \\ & 567 & 0 & 0 & 0 & -375 & 144 & -192 \\ & & 608 & 144 & -108 & -144 & 0 & 0 \\ & & & 567 & -144 & -192 & 0 & -375 \\ & & & & 6088 & 144 & -500 & 0 \\ & 对 & & & & 567 & 0 & 0 \\ & & 称 & & & & 608 & -144 \\ & & & & & & & 567 \end{bmatrix}$$

第五节 ▶ 支座约束条件的处理

上一节在建立图 1-8a)所示刚架的刚度方程时，是解除了所有支承约束，认为所有结点(包括支座)都可以发生线位移和角位移，并把这些位移均作为未知数。这相当于整个结构无支座约束，因而在外力作用下，结构除发生弹性变形外，还可以发生任意刚体位移。于是，由所建立的原始刚度方程式(1-56)还不能唯一确定所有的结点位移，因为其原始刚度矩阵$[\boldsymbol{K}]_0$是奇异矩阵。

事实上，任何结构的结点都不可能全是自由结点，它总在某些结点上受到一定的约束，以保证结构的几何不变性。这些受到约束的结点，在约束方向上的位移一般是已知的。必须根据这些已知位移对结构的原始刚度方程进行修正，才能对其进一步求解。

如图 1-8a)所示刚架，已推出其原始刚度方程如式(1-56)所示，即：

$$\begin{Bmatrix} \{P_1\} \\ \{P_2\} \\ \{P_3\} \\ \{P_4\} \end{Bmatrix} = \begin{bmatrix} [k_{11}]^{①} & [k_{12}]^{①} & [0] & [0] \\ [k_{21}]^{①} & [k_{22}]^{①}+[k_{22}]^{②} & [k_{23}]^{②} & [0] \\ [0] & [k_{32}]^{②} & [k_{33}]^{②}+[k_{33}]^{③} & [k_{34}]^{③} \\ [0] & [0] & [k_{43}]^{③} & [k_{44}]^{③} \end{bmatrix} \begin{Bmatrix} \{\Delta_1\} \\ \{\Delta_2\} \\ \{\Delta_3\} \\ \{\Delta_4\} \end{Bmatrix}$$

由图 1-8a)可见,结点 1、4 为固定支座,其位移是已知的,即 $\{\Delta_1\}=\{\Delta_4\}=\{0\}$。将其代入式(1-56)可得:

$$\begin{Bmatrix} \{P_2\} \\ \hline \{P_3\} \end{Bmatrix} = \begin{bmatrix} [k_{22}]^{①}+[k_{22}]^{②} & [k_{23}]^{②} \\ \hline [k_{32}]^{②} & [k_{33}]^{②}+[k_{33}]^{③} \end{bmatrix} \begin{Bmatrix} \{\Delta_2\} \\ \hline \{\Delta_3\} \end{Bmatrix} \qquad (1-59)$$

简记为:

$$\{P\} = [K]\{\Delta\} \qquad (1-60)$$

式(1-59)或式(1-60)即是引入了支撑条件后的结构刚度方程,简称结构刚度方程。其中 $\{P\}$ 为已知的结点荷载列向量;$\{\Delta\}$ 为未知的结点位移列向量;矩阵 $[K]$ 为由原始刚度矩阵删去与已知为零的结点位移对应的行和列而得到的矩阵,称为结构刚度矩阵。

结构刚度矩阵 $[K]$ 是一可求逆的对称阵,由式(1-60)可求出未知结点位移 $\{\Delta\}$ 的唯一解:

$$\{\Delta\} = [K]^{-1}\{P\} \qquad (1-61)$$

当 $\{\Delta\}$ 求出后,结构所有的结点位移均为已知,由位移连续条件可知,任意单元ⓔ的杆端位移 $\{\delta_i\}^{ⓔ}=\{\Delta_i\}$,$\{\delta_j\}^{ⓔ}=\{\Delta_j\}$ 也为已知。于是,单元ⓔ在结构坐标系下的杆端力即可求出:

$$\{F\}^{ⓔ} = \begin{Bmatrix} \{F_i\} \\ \hline \{F_j\} \end{Bmatrix} = \begin{bmatrix} [k_{ii}]^{ⓔ} & [k_{ij}]^{ⓔ} \\ \hline [k_{ji}]^{ⓔ} & [k_{jj}]^{ⓔ} \end{bmatrix} \{\delta\}^{ⓔ}$$

$$= \begin{bmatrix} [k_{ii}]^{ⓔ} & [k_{ij}]^{ⓔ} \\ \hline [k_{ji}]^{ⓔ} & [k_{jj}]^{ⓔ} \end{bmatrix} \begin{Bmatrix} \{\Delta_i\} \\ \hline \{\Delta_j\} \end{Bmatrix} \qquad (1-62)$$

由坐标变换关系式(1-19)可得结构在局部坐标系下的杆端力:

$$\{\overline{F}\}^{ⓔ} = [T]\{F\}^{ⓔ}$$

以上是以 4 个结点的平面刚架为例说明了支承条件的引入。对于一般结构,也可同样处理。若支座为可动支座时,只需把总刚中与已知为零的位移分量对应的行和列划掉即可。

上述利用"划行划列"引入支承条件的方法称为"后处理法"。这种方法主要适用于手算,在用计算机计算时,由于划行划列通常会改变矩阵的行号和列号,给编制程序造成不便,因此常采用"赋大值法"或"主 1 付 0 法"处理。另外,为了节省计算机内存,对支承条件也可采用"前处理法"。关于这部分内容,将在程序设计中给予简介。

第六节 ➤ 非结点荷载的处理

以上关于矩阵位移法的讨论,只限于荷载作用于结点上的情况,所建立的结构原始刚度方程表述的是结点荷载与结点位移之间的关系。但是,在实际问题中,不论是恒载还是活载,常常是直接或间接作用在杆件上的非结点荷载。因此,要用本章所述方法求解结构,必须要把非结点荷载变换为结点荷载,这就是目前常用的所谓"等效结点荷载"的方法。现以图1-11a)所示刚架为例予以说明。

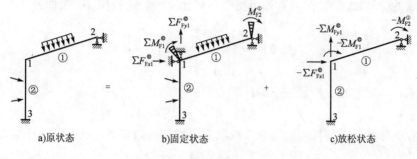

a)原状态   b)固定状态   c)放松状态

图 1-11

同位移法相似,首先,把结构的实际受力状态(即实际状态)分为固定状态和放松状态。固定状态即是加上附加链杆和附加刚臂阻止所有的结点线位移和结点角位移,把每根杆件都变成两端固定梁。此时各单元在梁上荷载作用下会产生杆端力,称为固端力。设单元ⓔ在局部坐标系下的固端力为:

$$\{\overline{\boldsymbol{F}}_{\mathrm{F}}\}^{ⓔ} = \left\{ \begin{array}{c} \{\overline{\boldsymbol{F}}_{\mathrm{F}i}\}^{ⓔ} \\ \hline \{\overline{\boldsymbol{F}}_{\mathrm{F}j}\}^{ⓔ} \end{array} \right\} = \left\{ \begin{array}{c} \overline{F}_{\mathrm{FN}i}^{ⓔ} \\ \overline{F}_{\mathrm{FS}i}^{ⓔ} \\ \overline{M}_{\mathrm{F}i}^{ⓔ} \\ \hline \overline{F}_{\mathrm{FN}j}^{ⓔ} \\ \overline{F}_{\mathrm{FS}j}^{ⓔ} \\ \overline{M}_{\mathrm{F}j}^{ⓔ} \end{array} \right\} \tag{1-63}$$

式中:i、j——单元ⓔ的始末端结点号;

F——固端力。

两端固定梁在几种常见荷载作用下的固端力的值可直接查表2-3求得。

将式(1-63)代入式(1-19)可得单元ⓔ在结构坐标系下的杆端力:

$$\{\boldsymbol{F}_{\mathrm{F}}\}^{ⓔ} = [F_{\mathrm{F}xi}^{ⓔ}, F_{\mathrm{F}xi}^{ⓔ}, M_{\mathrm{F}i}^{ⓔ}, F_{\mathrm{F}xj}^{ⓔ}, F_{\mathrm{F}yj}^{ⓔ}, M_{\mathrm{F}j}^{ⓔ}]^{\mathrm{T}} = [\boldsymbol{T}]^{\mathrm{T}}\{\overline{\boldsymbol{F}}_{\mathrm{F}}\}^{ⓔ} \tag{1-64}$$

其次,求固定状态下各附加链杆和附加刚臂上的反力和反弯矩。由结点平衡条件可知,在结点i的附加联系上的反力和反弯矩的数值等于汇交于该结点处的所有杆件在该端的固端力的代数和,即:$\sum F_{\mathrm{F}xi}^{ⓔ}$,$\sum F_{\mathrm{F}yi}^{ⓔ}$,$\sum M_{\mathrm{F}i}^{ⓔ}$,如图1-11b)所示。

最后,为了消除各附加联系上的反力和反弯矩,应将这些反力和反弯矩反号后作为结点荷载加在放松状态相应的结点和方向上,这些荷载称为原荷载的等效结点荷载[图1-11c)]。于是,结点i上的等效结点荷载$\{\boldsymbol{P}_{\mathrm{E}i}\}$(E表示等效)为:

$$\{\boldsymbol{P}_{\mathrm{E}i}\} = \left\{ \begin{array}{c} P_{\mathrm{E}xi} \\ P_{\mathrm{E}yi} \\ M_{\mathrm{E}i} \end{array} \right\} = \left\{ \begin{array}{c} -\sum F_{\mathrm{F}xi}^{ⓔ} \\ -\sum F_{\mathrm{F}yi}^{ⓔ} \\ -\sum M_{\mathrm{F}i}^{ⓔ} \end{array} \right\} = -\sum \{\boldsymbol{F}_{\mathrm{F}i}\}^{ⓔ} \tag{1-65}$$

如果结点i上还有直接结点荷载$\{\boldsymbol{P}_{\mathrm{D}i}\} = [F_{\mathrm{D}xi}, F_{\mathrm{D}yi}, M_{\mathrm{D}i}]^{\mathrm{T}}$(D表示直接),则结点$i$上的综合结点荷载为:

$$\{\boldsymbol{P}_i\} = \{\boldsymbol{P}_{\mathrm{D}i}\} + \{\boldsymbol{P}_{\mathrm{E}i}\} \tag{1-66}$$

当所有结点的综合结点荷载求出后,即可由结构刚度方程式(1-60)求出放松状态下的结点位移$\{\boldsymbol{\Delta}\}$。因为固定状态下各结点位移为零,故放松状态下的结点位移$\{\boldsymbol{\Delta}\}$即为原结构的实际位移。

当各结点的位移$\{\boldsymbol{\Delta}_i\}$均求出后,即可得任意单元ⓔ的杆端位移$\{\boldsymbol{\delta}\}^{\text{ⓔ}}$,即:

$$\{\boldsymbol{\delta}\}^{\text{ⓔ}} = \left\{\begin{array}{c} \{\boldsymbol{\Delta}_i\} \\ \hline \\ \{\boldsymbol{\Delta}_j\} \end{array}\right\} = \{\boldsymbol{\Delta}\}^{\text{ⓔ}} \tag{1-67}$$

进而可求得单元ⓔ在放松状态下的杆端力为:

$$\{\boldsymbol{F}\}^{\text{ⓔ}} = [\boldsymbol{k}]^{\text{ⓔ}}\{\boldsymbol{\delta}\}^{\text{ⓔ}} = [\boldsymbol{k}]^{\text{ⓔ}}\{\boldsymbol{\Delta}\}^{\text{ⓔ}}$$

单元ⓔ在实际状态下的杆端力等于放松状态下的杆端力与固定状态下的杆端力之和,即:

$$\{\overline{\boldsymbol{F}}\}^{\text{ⓔ}} = [\boldsymbol{T}][\boldsymbol{k}]^{\text{ⓔ}}\{\boldsymbol{\Delta}\}^{\text{ⓔ}} + \{\overline{\boldsymbol{F}}_{\mathrm{F}}\}^{\text{ⓔ}} \tag{1-68}$$

对于结构在温度改变、支座移动等因素作用下的计算,同样可以将其分为固定状态加放松状态处理。当确定了固定状态下的固端力后,其余计算与荷载作用时相同。

例 1-3　求图 1-12a)所示结构的等效结点荷载。

解:(1)对结点和单元进行编号,并取结构坐标系和各单元局部坐标系如图 1-12 所示。图中杆轴上的箭头所指为$\bar{x}$轴的正向。

为了分析方便,把①、②单元均作为两端固定梁,即把结点 3 的角位移也作为未知量处理。于是,在图示荷载作用下,各单元的固端力(可查表 2-3)为:

$$\{\overline{\boldsymbol{F}}_{\mathrm{F}}\}^{\text{①}} = \left\{\begin{array}{c} \{\overline{\boldsymbol{F}}_{\mathrm{F1}}\}^{\text{①}} \\ \hline \\ \{\overline{\boldsymbol{F}}_{\mathrm{F2}}\}^{\text{①}} \end{array}\right\} = \left\{\begin{array}{c} \overline{F}_{\mathrm{FN1}} \\ \overline{F}_{\mathrm{FS1}} \\ \overline{M}_{\mathrm{F1}} \\ \hline \overline{F}_{\mathrm{FN2}} \\ \overline{F}_{\mathrm{FS2}} \\ \overline{M}_{\mathrm{F2}} \end{array}\right\}^{\text{①}} = \left\{\begin{array}{c} 0 \\ \dfrac{qL}{2} \\ -\dfrac{qL^2}{12} \\ 0 \\ \dfrac{qL}{2} \\ \dfrac{qL^2}{12} \end{array}\right\}$$

$$\{\overline{\boldsymbol{F}}_{\mathrm{F}}\}^{\text{②}} = \left\{\begin{array}{c} \{\overline{\boldsymbol{F}}_{\mathrm{F2}}\}^{\text{②}} \\ \hline \\ \{\overline{\boldsymbol{F}}_{\mathrm{F3}}\}^{\text{②}} \end{array}\right\} = \left\{\begin{array}{c} \overline{F}_{\mathrm{FN2}} \\ \overline{F}_{\mathrm{FS2}} \\ \overline{M}_{\mathrm{F2}} \\ \hline \overline{F}_{\mathrm{FN3}} \\ \overline{F}_{\mathrm{FS3}} \\ \overline{M}_{\mathrm{F3}} \end{array}\right\}^{\text{②}} = \left\{\begin{array}{c} 0 \\ \dfrac{P}{2} \\ -\dfrac{PL}{8} \\ 0 \\ \dfrac{P}{2} \\ \dfrac{PL}{8} \end{array}\right\}$$

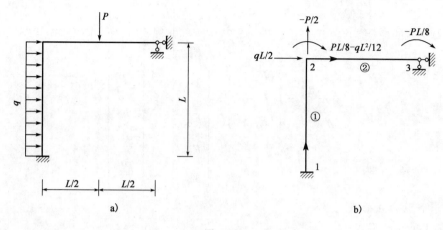

图　1-12

（2）求各单元在结构坐标系下的杆端力。

对于单元①，因为 $\alpha = 90°$，所以 $C_x = \cos\alpha = 0$，$C_y = \sin\alpha = 1$，代入式（1-20）得坐标变换矩阵：

$$[T] = \begin{bmatrix} 0 & 1 & 0 & & \\ -1 & 0 & 0 & & [0] & \\ 0 & 0 & 1 & & \\ \hdashline & & & 0 & 1 & 0 \\ & [0] & & -1 & 0 & 0 \\ & & & 0 & 0 & 1 \end{bmatrix}$$

由 $\{F_F\}^{①} = [T]^T\{\overline{F}_F\}^{①}$ 得：

$$\{F_F\}^{①} = \begin{Bmatrix} \{F_{F1}\}^{①} \\ \hdashline \{F_{F2}\}^{①} \end{Bmatrix} = \begin{Bmatrix} F_{Fx1} \\ F_{Fy1} \\ M_{F1} \\ \hdashline F_{Fx2} \\ F_{Fy2} \\ M_{F2} \end{Bmatrix}^{①} = \begin{Bmatrix} -\dfrac{qL}{2} \\ 0 \\ -\dfrac{qL^2}{12} \\ \hdashline -\dfrac{qL}{2} \\ 0 \\ \dfrac{qL^2}{12} \end{Bmatrix}$$

对于单元②，因为 $\alpha = 0°$，所以 $C_x = \cos\alpha = 1$，$C_y = \sin\alpha = 0$，代入转换矩阵得 $[T] = [I]$，故有 $\{F_F\}^{②} = \{\overline{F}_F\}^{②}$，即：

$$\{\boldsymbol{F}_F\}^{\textcircled{2}} = \left\{ \begin{array}{c} \{\boldsymbol{F}_{F2}\}^{\textcircled{2}} \\ \text{------} \\ \{\boldsymbol{F}_{F3}\}^{\textcircled{2}} \end{array} \right\} = \left\{ \begin{array}{c} F_{\mathbf{F}x2} \\ F_{\mathbf{F}y2} \\ M_{\mathbf{F}2} \\ F_{\mathbf{F}x3} \\ F_{\mathbf{F}y3} \\ M_{\mathbf{F}3} \end{array} \right\}^{\textcircled{2}} = \left\{ \begin{array}{c} 0 \\ \dfrac{P}{2} \\ -\dfrac{PL}{8} \\ \text{------} \\ 0 \\ \dfrac{P}{2} \\ \dfrac{PL}{8} \end{array} \right\}$$

（3）求等效结点荷载。

由式（1-65）可得：

结点 1

$$\{\boldsymbol{P}_{E1}\} = \left\{ \begin{array}{c} P_{Ex1} \\ P_{Ey1} \\ M_{E1} \end{array} \right\} = \left\{ \begin{array}{c} -F_{\mathbf{F}x1}^{\textcircled{1}} \\ -F_{\mathbf{F}y1}^{\textcircled{1}} \\ -M_{\mathbf{F}1}^{\textcircled{1}} \end{array} \right\} = \left\{ \begin{array}{c} \dfrac{qL}{2} \\ 0 \\ \dfrac{qL^2}{12} \end{array} \right\}$$

结点 2

$$\{\boldsymbol{P}_{E2}\} = \left\{ \begin{array}{c} P_{Ex2} \\ P_{Ey2} \\ M_{E2} \end{array} \right\} = \left\{ \begin{array}{c} -F_{\mathbf{F}x2}^{\textcircled{1}} - F_{\mathbf{F}x2}^{\textcircled{2}} \\ -F_{\mathbf{F}y2}^{\textcircled{1}} - F_{\mathbf{F}y2}^{\textcircled{2}} \\ -M_{\mathbf{F}2}^{\textcircled{1}} - M_{\mathbf{F}2}^{\textcircled{2}} \end{array} \right\} = \left\{ \begin{array}{c} \dfrac{qL}{2} \\ -\dfrac{P}{2} \\ \dfrac{PL}{8} + \dfrac{qL^2}{12} \end{array} \right\}$$

结点 3

$$\{\boldsymbol{P}_{E3}\} = \left\{ \begin{array}{c} P_{Ex3} \\ P_{Ey3} \\ M_{E3} \end{array} \right\} = \left\{ \begin{array}{c} -F_{\mathbf{F}x3}^{\textcircled{2}} \\ -F_{\mathbf{F}y3}^{\textcircled{2}} \\ -M_{\mathbf{F}3}^{\textcircled{2}} \end{array} \right\} = \left\{ \begin{array}{c} 0 \\ -\dfrac{P}{2} \\ -\dfrac{PL}{8} \end{array} \right\}$$

　　需要说明的是，对于支座结点，由于在约束方向上的等效结点荷载分量完全由支座来承受（如本例结点 1 的三个等效结点荷载分量是加在结点 1 上的），对各杆的内力和变形均无影响；另外，在对结构的原始刚度方程引入支承条件时，对应于零位移的荷载分量将被删除或被修改。所以，相应于支座约束方向上的等效结点荷载分量可以不求出。图 1-12b）中相应于支座约束方向上的等效结点荷载没被标出。

第七节 ▶ 算　例

一、矩阵位移法解题步骤

通过以上各节的讨论，可将矩阵位移法解题的基本步骤归纳如下：

（1）对各结点、单元进行编号，并选择结构坐标系和各单元的局部坐标系。

（2）计算各单元的固端力、等效结点荷载和综合结点荷载。

（3）计算各单元在结构坐标系下的单刚。

（4）根据各单刚子块的下标号码"对号入座"形成结构的原始总刚。

（5）引入支承条件修改原始总刚，得到结构刚度方程。

（6）求解结构刚度方程得各结点位移。

（7）计算各结点杆端力。

（8）由叠加法画内力图。

二、算例

例 1-4　试用矩阵位移法计算图 1-13 所示刚架的内力。已知各杆材料相同，具体数据见例 1-1。

解：（1）对各单元、结点编号，取结构坐标系 xOy 和局部坐标系（箭头所指为 $\bar{x}$ 轴正向）如图 1-13 所示。

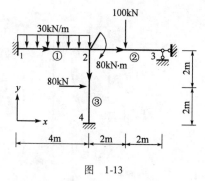

图　1-13

（2）计算各单元的固端力、等效结点荷载和综合结点荷载。

由表 2-3 可知，各单元在局部坐标系下的固端力为：

$$\{\bar{F}_F\}^{①} = \left\{ \begin{array}{c} \{\bar{F}_{F1}\}^{①} \\ \hline \{\bar{F}_{F2}\}^{①} \end{array} \right\} = \left\{ \begin{array}{c} \bar{F}_{FN1} \\ \bar{F}_{FS1} \\ \bar{M}_{F1} \\ \hline \bar{F}_{FN2} \\ \bar{F}_{FS2} \\ \bar{M}_{F2} \end{array} \right\}^{①} = \left\{ \begin{array}{c} 0 \\ 60 \\ -40 \\ \hline 0 \\ 60 \\ 40 \end{array} \right\}$$

$$\{\bar{F}_F\}^{②} = \left\{ \begin{array}{c} \{\bar{F}_{F2}\}^{②} \\ \hline \{\bar{F}_{F3}\}^{②} \end{array} \right\} = \left\{ \begin{array}{c} \bar{F}_{FN2} \\ \bar{F}_{FS2} \\ \bar{M}_{F2} \\ \hline \bar{F}_{FN3} \\ \bar{F}_{FS3} \\ \bar{M}_{F3} \end{array} \right\}^{②} = \left\{ \begin{array}{c} 0 \\ 50 \\ -50 \\ \hline 0 \\ 50 \\ 50 \end{array} \right\}$$

$$\{\overline{\boldsymbol{F}}_{\mathrm{F}}\}^{③} = \left\{\begin{array}{c} \{\overline{\boldsymbol{F}}_{\mathrm{F2}}\}^{③} \\ \text{-----} \\ \{\overline{\boldsymbol{F}}_{\mathrm{F4}}\}^{③} \end{array}\right\} = \left\{\begin{array}{c} \overline{F}_{\mathrm{FN2}} \\ \overline{F}_{\mathrm{FS2}} \\ \overline{M}_{\mathrm{F2}} \\ \overline{F}_{\mathrm{FN4}} \\ \overline{F}_{\mathrm{FS4}} \\ \overline{M}_{\mathrm{F4}} \end{array}\right\}^{③} = \left\{\begin{array}{c} 0 \\ -40 \\ 40 \\ 0 \\ -40 \\ -40 \end{array}\right\}$$

由式(1-64)得：

$$\{\boldsymbol{F}_{\mathrm{F}}\}^{\mathrm{e}} = [\,F_{\mathrm{F}xi}^{\mathrm{e}}, F_{\mathrm{F}yi}^{\mathrm{e}}, M_{\mathrm{F}i}^{\mathrm{e}}; F_{\mathrm{F}xj}^{\mathrm{e}}, F_{\mathrm{F}yj}^{\mathrm{e}}, M_{\mathrm{F}j}^{\mathrm{e}}\,]^{\mathrm{T}} = [\,\boldsymbol{T}\,]^{\mathrm{T}}\{\overline{\boldsymbol{F}}\}^{\mathrm{e}}$$

可求得各单元在结构坐标系下的固端力，具体如下。

对于单元①、②，因为 $\alpha = 0°$，所以 $[\boldsymbol{T}] = [\boldsymbol{I}]$，故有：

$$\{\boldsymbol{F}_{\mathrm{F}}\}^{①} = \{\overline{\boldsymbol{F}}_{\mathrm{F}}\}^{①}, \{\boldsymbol{F}_{\mathrm{F}}\}^{②} = \{\overline{\boldsymbol{F}}_{\mathrm{F}}\}^{②}$$

即：

$$\{\boldsymbol{F}_{\mathrm{F}}\}^{①} = \left\{\begin{array}{c} \{\boldsymbol{F}_{\mathrm{F1}}\}^{①} \\ \text{--------} \\ \{\boldsymbol{F}_{\mathrm{F2}}\}^{①} \end{array}\right\} = \left\{\begin{array}{c} F_{\mathrm{F}x1} \\ F_{\mathrm{F}y1} \\ M_{\mathrm{F1}} \\ F_{\mathrm{F}x2} \\ F_{\mathrm{F}y2} \\ M_{\mathrm{F2}} \end{array}\right\}^{①} = \left\{\begin{array}{c} 0 \\ 60 \\ -40 \\ 0 \\ 60 \\ 40 \end{array}\right\}$$

$$\{\boldsymbol{F}_{\mathrm{F}}\}^{②} = \left\{\begin{array}{c} \{\boldsymbol{F}_{\mathrm{F2}}\}^{②} \\ \text{--------} \\ \{\boldsymbol{F}_{\mathrm{F3}}\}^{②} \end{array}\right\} = \left\{\begin{array}{c} F_{\mathrm{F}x2} \\ F_{\mathrm{F}y2} \\ M_{\mathrm{F2}} \\ F_{\mathrm{F}x3} \\ F_{\mathrm{F}y3} \\ M_{\mathrm{F3}} \end{array}\right\}^{②} = \left\{\begin{array}{c} 0 \\ 50 \\ -50 \\ 0 \\ 50 \\ 50 \end{array}\right\}$$

对于单元③，因为 $\alpha = -90°$，所以 $C_x = \cos\alpha = 0$，$C_y = \sin\alpha = -1$，代入式(1-64)得：

$$\{\boldsymbol{F}_{\mathrm{F}}\}^{③} = \left\{\begin{array}{c} \{\boldsymbol{F}_{\mathrm{F2}}\}^{③} \\ \text{--------} \\ \{\boldsymbol{F}_{\mathrm{F4}}\}^{③} \end{array}\right\} = \left\{\begin{array}{c} F_{\mathrm{F}x2} \\ F_{\mathrm{F}y2} \\ M_{\mathrm{F2}} \\ F_{\mathrm{F}x4} \\ F_{\mathrm{F}y4} \\ M_{\mathrm{F4}} \end{array}\right\}^{③} = \left[\begin{array}{ccc|ccc} 0 & -1 & 0 & & & \\ 1 & 0 & 0 & & [\boldsymbol{0}] & \\ 0 & 0 & 1 & & & \\ \hline & & & 0 & -1 & 0 \\ & [\boldsymbol{0}] & & 1 & 0 & 0 \\ & & & 0 & 0 & 1 \end{array}\right] \left\{\begin{array}{c} 0 \\ -40 \\ 40 \\ 0 \\ -40 \\ -40 \end{array}\right\} = \left\{\begin{array}{c} -40 \\ 0 \\ 40 \\ -40 \\ 0 \\ -40 \end{array}\right\}$$

由式(1-65)可求得结点2、3上的等效结点荷载：

$$\{\boldsymbol{P}_{E2}\} = \begin{Bmatrix} P_{Ex2} \\ P_{Ey2} \\ M_{E2} \end{Bmatrix} = \begin{Bmatrix} -\sum F_{Fx2}^{e} \\ -\sum F_{Fy2}^{e} \\ -\sum M_{F2}^{e} \end{Bmatrix} = - \begin{Bmatrix} 0 \\ 60 \\ 40 \end{Bmatrix} - \begin{Bmatrix} 0 \\ 50 \\ -50 \end{Bmatrix} - \begin{Bmatrix} -40 \\ 0 \\ 40 \end{Bmatrix} = \begin{Bmatrix} 40 \\ -110 \\ -30 \end{Bmatrix}$$

$$\{\boldsymbol{P}_{E3}\} = \begin{Bmatrix} P_{Ex3} \\ P_{Ey3} \\ M_{E3} \end{Bmatrix} = \begin{Bmatrix} -\sum F_{Fx3}^{e} \\ -\sum F_{Fy3}^{e} \\ -\sum M_{F3}^{e} \end{Bmatrix} = \begin{Bmatrix} 0 \\ -50 \\ -50 \end{Bmatrix}$$

由式(1-66)可得结点 2、3 上的综合结点荷载:

结点 2

$$\{\boldsymbol{P}_2\} = \begin{Bmatrix} P_{x2} \\ P_{y2} \\ M_2 \end{Bmatrix} = \begin{Bmatrix} P_{Dx2} \\ P_{Dy2} \\ M_{D2} \end{Bmatrix} + \begin{Bmatrix} P_{Ex2} \\ P_{Ey2} \\ M_{E2} \end{Bmatrix} = \begin{Bmatrix} 0 \\ 0 \\ 80 \end{Bmatrix} + \begin{Bmatrix} 40 \\ -110 \\ -30 \end{Bmatrix} = \begin{Bmatrix} 40 \\ -110 \\ 50 \end{Bmatrix}$$

结点 3 由于在 x、y 方向上由支承约束,故可只求相应于转动方向上的综合结点弯矩。

$$M_3 = M_{D3} + M_{E3} = 0 - 50 = -50$$

于是,结构的综合结点荷载列向量为:

$$\{\boldsymbol{P}\}_0 = [P_{x1}, P_{y1}, M_1; P_{x2}, P_{y2}, M_2; P_{x3}, P_{y3}, M_3; P_{x4}, P_{y4}, M_4]^{\mathrm{T}}$$
$$= [P_{x1}, P_{y1}, M_1; 40, -110, 50; P_{x3}, P_{y3}, -50; P_{x4}, P_{y4}, M_4]^{\mathrm{T}}$$

(3)计算各单元在结构坐标系下的单刚(见例 1-1)。

(4)由各单刚对号入座形成总刚(见例 1-1)。

(5)引入支承条件修改原始刚度方程。

由例 1-1 得到的结构原始刚度矩阵可写出相应的结构原始刚度方程:

$$\begin{Bmatrix} P_{x1} \\ P_{y1} \\ M_1 \\ \hline 40 \\ -110 \\ 50 \\ \hline P_{x3} \\ P_{y3} \\ -50 \\ \hline P_{x4} \\ P_{y4} \\ M_4 \end{Bmatrix} = 10^3 \times \begin{bmatrix} 500 & 0 & 0 & -500 & 0 & 0 & & & & & & \\ & 12 & -24 & 0 & -12 & -24 & & [\boldsymbol{0}] & & & [\boldsymbol{0}] & \\ & & 64 & 0 & 24 & 32 & & & & & & \\ \hline & & & 1012 & 0 & -24 & -500 & 0 & 0 & -12 & 0 & -24 \\ & & & & 524 & 0 & 0 & -12 & -24 & 0 & -500 & 0 \\ & & & & & 192 & 0 & 24 & 32 & 24 & 0 & 32 \\ \hline & \text{对} & & & & & 500 & 0 & 0 & & & \\ & & & & & & & 12 & 24 & & [\boldsymbol{0}] & \\ & & & & & & & & 64 & & & \\ \hline & & & & \text{称} & & & & & 12 & 0 & 24 \\ & & & & & & & & & & 500 & 0 \\ & & & & & & & & & & & 64 \end{bmatrix} \begin{Bmatrix} u_1 \\ v_1 \\ \varphi_1 \\ \hline u_2 \\ v_2 \\ \varphi_2 \\ \hline u_3 \\ v_3 \\ \varphi_3 \\ \hline u_4 \\ v_4 \\ \varphi_4 \end{Bmatrix}$$

已知位移条件:

$$\{\boldsymbol{\Delta}_1\} = \begin{Bmatrix} 0 \\ 0 \\ 0 \end{Bmatrix}, \{\boldsymbol{\Delta}_3\} = \begin{Bmatrix} 0 \\ 0 \\ \varphi_3 \end{Bmatrix}, \{\boldsymbol{\Delta}_4\} = \begin{Bmatrix} 0 \\ 0 \\ 0 \end{Bmatrix}$$

在手算时,采用"划行划列"的方法以降低方程的个数和总刚的阶数,也即删去与$\{\pmb{\Delta}_1\}$、$\{\pmb{\Delta}_3\}$、$\{\pmb{\Delta}_4\}$中零位移所对应的行和列,得到结构的刚度方程:

$$
\begin{Bmatrix} 40 \\ -110 \\ 50 \\ -50 \end{Bmatrix} = 10^3 \times \begin{bmatrix} 1012 & 0 & -24 & 0 \\ 0 & 524 & 0 & -24 \\ -24 & 0 & 192 & 32 \\ 0 & -24 & 32 & 64 \end{bmatrix} \begin{Bmatrix} u_2 \\ v_2 \\ \varphi_2 \\ \varphi_3 \end{Bmatrix}
$$

(6)求解结构刚度方程,得结点位移:

$$
\begin{Bmatrix} u_2 \\ v_2 \\ \varphi_2 \\ \varphi_3 \end{Bmatrix} = 10^{-3} \begin{bmatrix} 1012 & 0 & -24 & 0 \\ 0 & 524 & 0 & -24 \\ -24 & 0 & 192 & 32 \\ 0 & -24 & 32 & 64 \end{bmatrix}^{-1} \begin{Bmatrix} 40 \\ -110 \\ 50 \\ -50 \end{Bmatrix} = 10^{-6} \begin{Bmatrix} 50.218\text{m} \\ -260.515\text{m} \\ 450.740\text{rad} \\ -1104.333\text{rad} \end{Bmatrix}
$$

(7)由式(1-68)计算各单元最后杆端力。

单元①:$\alpha = 0, C_x = 1, C_y = 0,[T]$为单位矩阵。故有:

$$\{\overline{\pmb{F}}\}^{①} = [\overline{F}_{N1}, \overline{F}_{S1}, \overline{M}_1; \overline{F}_{N2}, \overline{F}_{S2}, \overline{M}_2]^{①T}$$

$$= [\pmb{T}][\pmb{k}]^{①}\{\pmb{\delta}\}^{①} + \{\overline{\pmb{F}}_F\}^{①} = [\pmb{k}]^{①} \begin{Bmatrix} \{\pmb{\Delta}_1\} \\ \{\pmb{\Delta}_2\} \end{Bmatrix} + \{\overline{\pmb{F}}_F\}^{①}$$

$$
= 10^3 \times \left[\begin{array}{ccc|ccc} 500 & 0 & 0 & -500 & 0 & 0 \\ 0 & 12 & -24 & 0 & -12 & -24 \\ 0 & -24 & 64 & 0 & 24 & 32 \\ \hline -500 & 0 & 0 & 500 & 0 & 0 \\ 0 & -12 & 24 & 0 & 12 & 24 \\ 0 & -24 & 32 & 0 & 24 & 64 \end{array}\right] \begin{Bmatrix} 0 \\ 0 \\ 0 \\ 50.218 \\ -260.515 \\ 450.740 \end{Bmatrix}
$$

$$
\times 10^6 + \begin{Bmatrix} 0 \\ 60 \\ -40 \\ \hline 0 \\ 60 \\ 40 \end{Bmatrix} = \begin{Bmatrix} -25.109 \\ 52.308 \\ -31.830 \\ \hline 25.109 \\ 67.692 \\ 62.595 \end{Bmatrix}
$$

单元②:$\alpha = 0, C_x = 1, C_y = 0,[T]$为单位矩阵。故有:

$$\{\overline{\pmb{F}}\}^{②} = [\overline{F}_{N2}, \overline{F}_{S2}, \overline{M}_2; \overline{F}_{N3}, \overline{F}_{S3}, \overline{M}_3]^{②T}$$

$$= [\pmb{T}][\pmb{k}]^{②}\{\pmb{\delta}\}^{②} + \{\overline{\pmb{F}}_F\}^{②} = [\pmb{k}]^{②} \begin{Bmatrix} \{\pmb{\Delta}_2\} \\ \{\pmb{\Delta}_3\} \end{Bmatrix} + \{\overline{\pmb{F}}_F\}^{②}$$

$$
= 10^3 \times
\begin{bmatrix}
500 & 0 & 0 & -500 & 0 & 0 \\
0 & 12 & -24 & 0 & -12 & -24 \\
0 & -24 & 64 & 0 & 24 & 32 \\
-500 & 0 & 0 & 500 & 0 & 0 \\
0 & -12 & 24 & 0 & 12 & 24 \\
0 & -24 & 32 & 0 & 24 & 64
\end{bmatrix}
\begin{Bmatrix}
50.218 \\
-260.515 \\
450.740 \\
0 \\
0 \\
0
\end{Bmatrix} \times 10^6 +
\begin{Bmatrix}
0 \\
50 \\
-50 \\
0 \\
50 \\
50
\end{Bmatrix}
$$

$$
=
\begin{Bmatrix}
25.109 \\
62.560 \\
-50.239 \\
-25.109 \\
37.440 \\
0
\end{Bmatrix}
$$

单元③:$\alpha = -90°, C_x = 0, C_y = -1$,代入式(1-68),得:

$$
\{\overline{\boldsymbol{F}}\}^{③} = [\overline{F}_{N2}, \overline{F}_{S2}, \overline{M}_2 ; \overline{F}_{N4}, \overline{F}_{S4}, \overline{M}_4]^{③T}
$$

$$
= [\boldsymbol{T}][\boldsymbol{k}]^{③}\{\boldsymbol{\delta}\}^{③} + \{\overline{\boldsymbol{F}}_F\}^{③} = [\boldsymbol{T}][\boldsymbol{k}]^{③}\begin{Bmatrix}\{\boldsymbol{\Delta}_2\} \\ \{\boldsymbol{\Delta}_4\}\end{Bmatrix} + \{\overline{\boldsymbol{F}}_F\}^{③}
$$

$$
=
\begin{bmatrix}
0 & -1 & 0 & & & \\
-1 & 0 & 0 & & [\boldsymbol{0}] & \\
0 & 0 & 1 & & & \\
& & & 0 & 1 & 0 \\
& [\boldsymbol{0}] & & -1 & 0 & 0 \\
& & & 0 & 0 & 1
\end{bmatrix} \times 10^3
\begin{bmatrix}
12 & 0 & -24 & -12 & 0 & -24 \\
0 & 500 & 0 & 0 & -500 & 0 \\
-24 & 0 & 64 & 24 & 0 & 32 \\
-12 & 0 & 24 & 12 & 0 & 24 \\
0 & -500 & 0 & 0 & 500 & 0 \\
-24 & 0 & 32 & 24 & 0 & 64
\end{bmatrix}
$$

$$
\begin{Bmatrix}
50.218 \\
-260.55 \\
450.74 \\
0 \\
0 \\
0
\end{Bmatrix} \times 10^{-6} +
\begin{Bmatrix}
0 \\
-40 \\
40 \\
0 \\
-40 \\
-40
\end{Bmatrix} =
\begin{Bmatrix}
130.257 \\
-50.215 \\
67.642 \\
-130.257 \\
-29.785 \\
-26.782
\end{Bmatrix}
$$

(8)绘内力图。

在绘制结构内力图时,仍按习惯上的规定作图,即:弯矩图画在受拉侧;剪力以绕着隔离体顺时针为正;轴力以拉力为正。剪力图和轴力图可以画在杆件的任意侧,但要表明正负号。因此,当用矩阵位移法求出结构的内力后,应先将剪力和轴力转换为绘图时的正负号(将末端的剪力$\overline{F}_S$和轴力$\overline{F}_N$均改变符号即可),再利用叠加法和微分关系绘内力图。本例的内力图如图1-14所示。

例1-5 试用矩阵位移法计算例1-2所示桁架的内力。已知各杆EA=常数,结点荷载如图1-15所示。

解:(1)采用与例1-2相同的结点、单元编号和坐标系如图1-15所示。

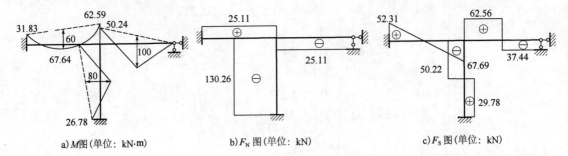

a) M图(单位: kN·m)　　　b) F_N 图(单位: kN)　　　c) F_S 图(单位: kN)

图 1-14

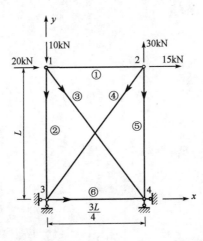

图 1-15

(2)结点荷载列向量和结点位移列向量分别为:

$$\{\boldsymbol{P}\}_0 = [P_{x1}, P_{y1}; P_{x2}, P_{y2}; P_{x3}, P_{y3}; P_{x4}, P_{y4}]^T$$

$$= [20, -10; 15, 30; P_{x3}, P_{y3}; P_{x4}, P_{y4}]^T$$

$$\{\boldsymbol{\Delta}\}_0 = [u_1, v_1; u_2, v_2; u_3, v_3; u_4, v_4]^T$$

$$= [u_1, v_1; u_2, v_2; 0, 0; 0, 0]^T$$

(3)各单元的单刚和结构的原始总刚已在例1-2中求出。于是可写出结构的原始刚度方程:

$$\{\boldsymbol{P}\}_0 = [\boldsymbol{k}]_0 \{\boldsymbol{\Delta}\}_0$$

即:

$$
\begin{Bmatrix} 20 \\ -10 \\ 15 \\ 30 \\ P_{x3} \\ P_{y3} \\ P_{x4} \\ P_{y4} \end{Bmatrix} = \frac{EA}{375L}
\begin{bmatrix}
608 & -144 & -500 & 0 & 0 & 0 & -108 & 144 \\
 & 567 & 0 & 0 & 0 & -375 & 144 & -192 \\
 & & 608 & 144 & -108 & -144 & 0 & 0 \\
 & & & 567 & -144 & -192 & 0 & -375 \\
 & \text{对} & & & 608 & 144 & -500 & 0 \\
 & & & & & 567 & 0 & 0 \\
 & & \text{称} & & & & 608 & -144 \\
 & & & & & & & 567
\end{bmatrix}
\begin{Bmatrix} u_1 \\ v_1 \\ u_2 \\ v_2 \\ u_3 \\ v_3 \\ u_4 \\ v_4 \end{Bmatrix}
$$

（4）引入支承条件。

已知：

$$\{\boldsymbol{\Delta}_3\}=\begin{Bmatrix}u_3\\v_3\end{Bmatrix}=\begin{Bmatrix}0\\0\end{Bmatrix},\ \{\boldsymbol{\Delta}_4\}=\begin{Bmatrix}u_4\\v_4\end{Bmatrix}=\begin{Bmatrix}0\\0\end{Bmatrix}$$

在原始刚度方程中划去与零位移相对应的行和列,得到结构刚度方程：

$$\begin{Bmatrix}20\\-10\\15\\30\end{Bmatrix}=\frac{EA}{375L}\begin{bmatrix}608&-144&-500&0\\-144&567&0&0\\-500&0&608&144\\0&0&144&567\end{bmatrix}\begin{Bmatrix}u_1\\v_1\\u_2\\v_2\end{Bmatrix}$$

（5）求解结构刚度方程得结点位移。

$$\begin{Bmatrix}u_1\\v_1\\u_2\\v_2\end{Bmatrix}=\frac{375L}{EA}\begin{bmatrix}608&-144&-500&0\\-144&567&0&0\\-500&0&608&144\\0&0&144&567\end{bmatrix}^{-1}\begin{Bmatrix}20\\-10\\15\\30\end{Bmatrix}=\frac{375L}{EA}\begin{Bmatrix}0.1786\\0.0277\\0.1692\\0.0099\end{Bmatrix}$$

（6）求各单元内力。

由式(1-36)：$\{\overline{\boldsymbol{F}}\}^e=[\boldsymbol{T}]\{\boldsymbol{F}\}^e=[\boldsymbol{T}][\boldsymbol{k}]^e\{\boldsymbol{\delta}\}^e$,可求出各单元内力。例如单元③：将 $C_x=3/5$, $C_y=-4/5$ 代入,得：

$$\{\overline{\boldsymbol{F}}\}^③=[\overline{F}_{N1},\overline{F}_{S1};\overline{F}_{N4},\overline{F}_{S4}]^{③T}=[\boldsymbol{T}][\boldsymbol{k}]^③\begin{Bmatrix}\{\boldsymbol{\Delta}_1\}\\\cdots\\\{\boldsymbol{\Delta}_4\}\end{Bmatrix}$$

$$=\begin{bmatrix}0.6&-0.8&0&0\\0.8&0.6&0&0\\0&0&0.6&-0.8\\0&0&0.8&0.6\end{bmatrix}\times\frac{4EA}{125L}\times\begin{bmatrix}9&-12&-9&12\\-12&16&12&-16\\-9&12&9&-12\\12&-16&-12&16\end{bmatrix}\begin{Bmatrix}0.1786\\0.0277\\0\\0\end{Bmatrix}\times\frac{375L}{EA}$$

$$=\begin{Bmatrix}25.5\\0\\-25.5\\0\end{Bmatrix}$$

即单元③轴力为 $\overline{F}_N^③=25.5$(压力)。

其余各杆的内力可同样求出,在此不再赘述。

例 1-6　试用矩阵位移法计算图示连续梁的内力,并作 M 图。

解：(1)对单元、结点编号如图 1-16a)所示。因为可以取各单元的局部坐标与结构坐标一致,故不需进行坐标变换,坐标系也可不画出。

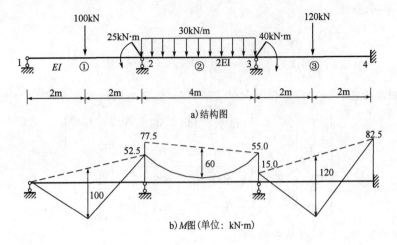

图 1-16

（2）求各单元固端力、等效结点荷载和综合结点荷载。将每一跨均作为两端固定梁，查表2-3可得梁端固端力：

$$\{F_F\}^① = \left\{\begin{matrix} M_{F1} \\ M_{F2} \end{matrix}\right\}^① = \left\{\begin{matrix} -50 \\ 50 \end{matrix}\right\}$$

$$\{F_F\}^② = \left\{\begin{matrix} M_{F2} \\ M_{F3} \end{matrix}\right\}^② = \left\{\begin{matrix} -40 \\ 40 \end{matrix}\right\}$$

$$\{F_F\}^③ = \left\{\begin{matrix} M_{F3} \\ M_{F4} \end{matrix}\right\}^③ = \left\{\begin{matrix} -60 \\ 60 \end{matrix}\right\}$$

各结点等效结点弯矩由 $M_{Ei} = -\sum M_{Fi}^e$ 求得：

$$M_{E1} = -M_{F1}^① = 50$$

$$M_{E2} = -(M_{F2}^① + M_{F2}^②) = -(50 - 40) = -10$$

$$M_{E3} = -(M_{F3}^② + M_{F3}^③) = -(40 - 60) = 20$$

各结点综合结点弯矩由 $M_i = M_{Di} + M_{Ei}$ 求得：

$$M_1 = M_{D1} + M_{E1} = 0 + 50 = 50$$

$$M_2 = M_{D2} + M_{E2} = -25 - 10 = -35$$

$$M_3 = M_{D3} + M_{E3} = 40 + 20 = 60$$

故

$$\{P\}_0 = [M_1, M_2, M_3, M_4]^T = [50, -35, 60, M_4]^T$$

（3）求单元刚度矩阵。

$$[k]^① = \begin{bmatrix} k_{11} & k_{12} \\ k_{21} & k_{22} \end{bmatrix}^① = \frac{EI}{L}\begin{bmatrix} 4 & 2 \\ 2 & 4 \end{bmatrix}$$

$$[k]^② = \begin{bmatrix} k_{22} & k_{23} \\ k_{32} & k_{33} \end{bmatrix}^② = \frac{EI}{L}\begin{bmatrix} 8 & 4 \\ 4 & 8 \end{bmatrix}$$

$$[k]^③ = \begin{bmatrix} k_{33} & k_{34} \\ k_{43} & k_{44} \end{bmatrix}^③ = \frac{EI}{L}\begin{bmatrix} 8 & 4 \\ 4 & 8 \end{bmatrix}$$

（4）对号入座形成原始总刚。

$$[\boldsymbol{K}]_0 = \begin{bmatrix} k_{11}^{①} & k_{12}^{①} & 0 & 0 \\ k_{21}^{①} & k_{22}^{①+②} & k_{23}^{②} & 0 \\ 0 & k_{32}^{②} & k_{33}^{②+③} & k_{34}^{③} \\ 0 & 0 & k_{43}^{③} & k_{44}^{③} \end{bmatrix} = \frac{EI}{L} \begin{bmatrix} 4 & 2 & 0 & 0 \\ 2 & 12 & 4 & 0 \\ 0 & 4 & 16 & 4 \\ 0 & 0 & 4 & 8 \end{bmatrix}$$

相应的原始刚度方程为：

$$\begin{Bmatrix} 50 \\ -35 \\ 60 \\ M_4 \end{Bmatrix} = \frac{EI}{L} \begin{bmatrix} 4 & 2 & 0 & 0 \\ 2 & 12 & 4 & 0 \\ 0 & 4 & 16 & 4 \\ 0 & 0 & 4 & 8 \end{bmatrix} \begin{Bmatrix} \varphi_1 \\ \varphi_2 \\ \varphi_3 \\ \varphi_4 \end{Bmatrix}$$

（5）引入支承条件，即把与 $\varphi_4 = 0$ 相对应的行和列划掉，得结构刚度方程为：

$$\begin{Bmatrix} 50 \\ -35 \\ 60 \end{Bmatrix} = \frac{EI}{L} \begin{bmatrix} 4 & 2 & 0 \\ 2 & 12 & 4 \\ 0 & 4 & 16 \end{bmatrix} \begin{Bmatrix} \varphi_1 \\ \varphi_2 \\ \varphi_3 \end{Bmatrix}$$

（6）解方程得：

$$\begin{Bmatrix} \varphi_1 \\ \varphi_2 \\ \varphi_3 \end{Bmatrix} = \frac{L}{EI} \begin{bmatrix} 4 & 2 & 0 \\ 2 & 12 & 4 \\ 0 & 4 & 16 \end{bmatrix}^{-1} \begin{Bmatrix} 50 \\ -35 \\ 60 \end{Bmatrix} = \frac{L}{EI} \begin{Bmatrix} 16.25 \\ -7.5 \\ 5.625 \end{Bmatrix}$$

（7）各杆最后杆端力由 $\{\boldsymbol{F}\}^{e} = [\boldsymbol{k}]^{e}\{\boldsymbol{\delta}\}^{e} + \{\boldsymbol{F}_F\}$ 求得：

$$\{\boldsymbol{F}\}^{①} = \begin{Bmatrix} M_1 \\ M_2 \end{Bmatrix}^{①} = \begin{bmatrix} 4 & 2 \\ 2 & 4 \end{bmatrix} \begin{Bmatrix} 16.25 \\ -7.5 \end{Bmatrix} + \begin{Bmatrix} -50 \\ 50 \end{Bmatrix} = \begin{Bmatrix} 0 \\ 52.5 \end{Bmatrix}$$

$$\{\boldsymbol{F}\}^{②} = \begin{Bmatrix} M_2 \\ M_3 \end{Bmatrix}^{②} = \begin{bmatrix} 8 & 4 \\ 4 & 8 \end{bmatrix} \begin{Bmatrix} -7.5 \\ 5.625 \end{Bmatrix} + \begin{Bmatrix} -40 \\ 40 \end{Bmatrix} = \begin{Bmatrix} -77.5 \\ 55 \end{Bmatrix}$$

$$\{\boldsymbol{F}\}^{③} = \begin{Bmatrix} M_3 \\ M_4 \end{Bmatrix}^{③} = \begin{bmatrix} 8 & 4 \\ 4 & 8 \end{bmatrix} \begin{Bmatrix} 5.625 \\ 0 \end{Bmatrix} + \begin{Bmatrix} -60 \\ 60 \end{Bmatrix} = \begin{Bmatrix} -15 \\ 82.5 \end{Bmatrix}$$

（8）由叠加法作弯矩图，如图 1-16b）所示。

第八节 ➤ 矩阵位移法应用中的几个问题

以上各节介绍了矩阵位移法的基本原理和计算方法，现就应用中常见的几个问题给予补充说明。

一、已知支座位移的处理

在第一节中引入支座条件时,假设所有支座均无支座位移,即位移为零。而实际结构中经常会发生支座沉降等情况。对支座发生已知位移的情况,可用下述两种方法处理:

(1)根据已知支座位移查得各杆固端力,然后计算由此引起的等效结点荷载,其余计算与荷载作用时相同。这种方法实际上是把支座位移作为一种广义荷载处理,实用时可由计算机自动生成固端力。

(2)设某支承的位移值是已知的,对应的位移为 $\Delta_i = C_i$(包括 $C_i = 0$)。对此位移的处理可以通过把结构原始总刚中第 i 行和第 i 列对应的元素以及荷载列向量中的 P_i 值进行某些修正而达到。常用的方法有"赋大值法"和"主 1 付 0 法"。

二、弹性支座的处理

结构上的弹性支座相当于在约束方向上用一个弹簧支承,它可以约束线位移,如图1-17a)、b)所示,也可以约束角位移,如图1-17c)所示。

设结构的第 i 个结点位移分量 Δ_i 受到弹性约束,其弹簧刚度系数为 k,则引入弹性约束的方法可分为两步进行:

第一步:撤去弹性支座,允许支座在该弹性约束方向上自由移动[图 1-17d)、e)、f)],求出无弹性约束时的结构刚度矩阵 $[k]$。

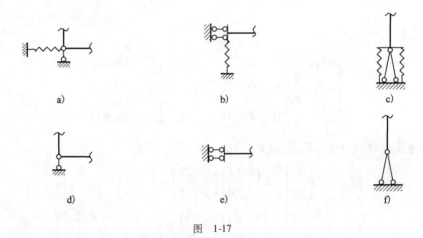

图 1-17

第二步:把结构刚度矩阵 $[k]$ 中与 Δ_i 相对应的主元素 k_{ii} 加上弹簧刚度系数 k,此时结构刚度方程的第 i 个方程变为:

$$k_{i1}\Delta_1 + k_{i2}\Delta_2 + \cdots + (k_{ii} + k)\Delta_i + \cdots + k_{in}\Delta_n = P_i \tag{1-69}$$

刚度矩阵和荷载列阵中的其余元素均保持不变。

通过上述步骤,即引进了弹性约束条件。

三、不计轴向变形时的处理

对于不计轴向变形,但两端有垂直于杆轴方向的线位移的杆件,其单元刚度矩阵可以与平面一般单元同法推出,也可以直接由平面一般单元的单元刚度矩阵式(1-6)删去与轴力 $\overline{F}_N^{\,②}$ 和

轴向位移$\bar{u}^{\text{e}}$对应的行和列(第1、4行和第1、4列)得到:

$$[k]^{\text{e}} = \begin{bmatrix} \dfrac{12EI}{L^3} & -\dfrac{6EI}{L^2} & -\dfrac{12EI}{L^3} & -\dfrac{6EI}{L^2} \\ -\dfrac{6EI}{L^2} & \dfrac{4EI}{L} & \dfrac{6EI}{L^2} & \dfrac{2EI}{L} \\ -\dfrac{12EI}{L^3} & \dfrac{6EI}{L^2} & \dfrac{12EI}{L^3} & \dfrac{6EI}{L^2} \\ -\dfrac{6EI}{L^2} & \dfrac{2EI}{L} & \dfrac{6EI}{L^2} & \dfrac{4EI}{L} \end{bmatrix} \tag{1-70}$$

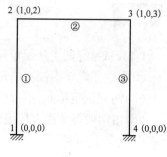

图 1-18

它是一个4×4阶的对称矩阵,且是奇异的(单元只在轴向上有约束,仍可发生刚体位移)。

对于平面刚架结构,当不计轴向变形时,各结点的线位移将不是独立的。因此在对结点位移分量进行统一编号时,应注意只对独立的结点位移分量编号,结点线位移相同的用同一编号。如图1-18所示刚架,在不计杆件轴向变形的情况下,结点2、3无竖向线位移,且水平线位移相等。此时,结构独立的结点位移分量数只有3个,结点位移分量编号如图1-18所示。

对于连续梁,如其内部有弹性支承,或有变截面杆件(图1-19),则在某些结点处(如图1-19中2、4结点)不仅有角位移,还有竖向位移。这时可以把各单元看成为不计轴向变形的杆件,每端考虑$\bar{v}$、$\bar{\varphi}$两个未知数,用单刚式(1-70)计算。

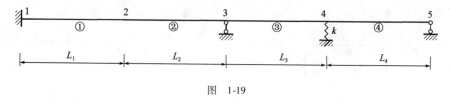

图 1-19

四、内部铰接点的处理

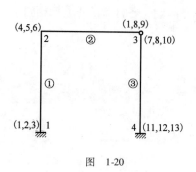

图 1-20

刚架结构中常有铰接点。对此问题的处理方法之一是不把杆件在铰接端的角位移作为未知数,而引用一端固定一端铰支单元的单元刚度矩阵(若杆件两端均为铰接,则作为轴力单元)。使用这种方法时,由于结构中单元类型不统一,使得程序编制较复杂,不便处理。另一种方法是把各单元都当成两端固定梁,也就是说把杆件在铰接端的角位移也作为未知数。这样做使得各单元类型统一,各单元单刚的计算和总刚的组集都较方便,程序编制简单,且通用性强。但由于在铰接点处,各单元的杆端角位移是相互独立的,故应对其单独编号。如图1-20所示刚架,对单元和结点位移分量编号。铰接点3处有4个位移分量u_3、v_3、$\varphi_3^{②}$、$\varphi_3^{③}$,其中$\varphi_3^{②}$和$\varphi_3^{③}$分别为单元②和③在3端处的角位移,分别对应于第9、10号位移分量。由图1-20可以看出,各结点的位移分量编号与结点编号i之间不具有$3i-2$、$3i-1$、$3i$的简单对应关系。于是,在由各单元刚度矩阵组集总刚时,应根据各单元对应的实际位移分量号进行"入座"。

五、结构刚度矩阵的压缩储存

从前面得出的结构刚度矩阵可以看出,它不仅是对称的,而且其中含有大量的零元素,而非零元素通常集中在矩阵的主对角线附近,称为"带状区域"。结构愈大,总刚中所含的零元素愈多,带状区域愈明显。为了节约计算机内存,提高计算速度,可以利用对称性,只储存总刚中主对角线以上半带宽区域内的元素,称为"半带宽储存"。关于半带宽储存以及相应的其他计算,将在第三章中给予详述。另外还有"变带宽储存""一维储存"等储存方式,读者若有兴趣可参阅其他有关书籍。

1-1 试推导图 1 所示单元的单元刚度矩阵 $[\bar{\boldsymbol{k}}]^{\text{(e)}}$。

(a)i 端固定,j 端铰支单元。

(b)两端固定单元,不考虑轴向变形。

(c)由两段等截面直杆组成的平面桁架单元。

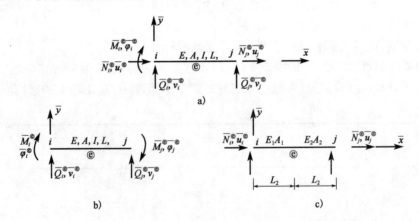

图1

1-2 求图 2 所示结构中各单元在结构坐标系下的单元刚度矩阵 $[\bar{\boldsymbol{k}}]$。各杆 E、I、A、L 均相同。

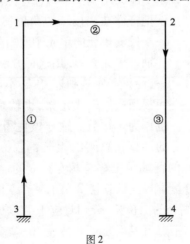

图2

1-3　已知图 3 所示平面桁架结点 1、2 的位移分别为 $\{\boldsymbol{\Delta}_1\} = \dfrac{375L}{EA}[0.2783, 0.0530]^{\mathrm{T}}$,

$\{\boldsymbol{\Delta}_2\} = \dfrac{375L}{EA}[0.283, 0.1250]^{\mathrm{T}}$,求单元③的杆端力 $\{\boldsymbol{F}\}^{③}$ 和 $\{\overline{\boldsymbol{F}}\}^{③}$。(各杆 EA = 常数)

1-4　写出图 4 所示结构分块形式的原始刚度矩阵 $[\boldsymbol{k}]$。

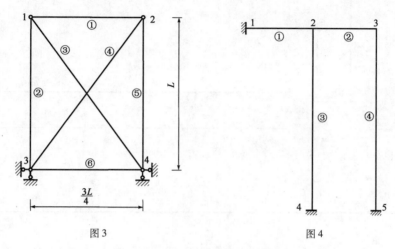

图 3　　　　　　　　　　　　　　　图 4

1-5　求图 5 所示各结构的等效结点荷载和综合结点荷载。

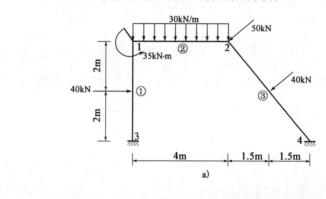

a)

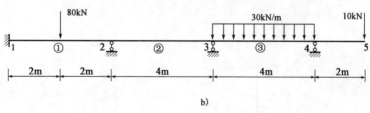

b)

图 5

1-6　用直接刚度法计算图 6 所示结构的内力。已知各杆 $E = 2 \times 10^7 \mathrm{kN/m^2}$, $A = 0.25\mathrm{m^2}$, $I = 5 \times 10^{-3}\mathrm{m^4}$。

1-7　试计算图 7 所示连续梁的内力,已知各杆件的 EI 为常数。

*1-8　试计算图 8 所示连续梁的内力。已知弹簧刚度 $k = \dfrac{EI}{L^3}$, EI = 常数。(注:*表示此题为选做题,以下章节意义相同)

1-9　试对图 9 所示结构进行结点、单元和结点位移分量编号(假设所有铰接端的转角均作为未知数)。

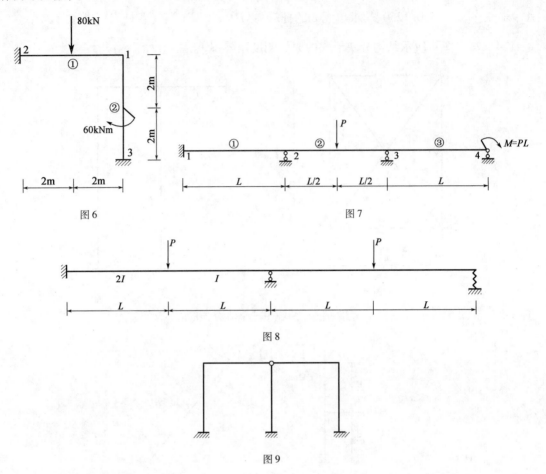

图 6　　　　　　　　　　　　　图 7

图 8

图 9

第二章
平面刚架静力分析的程序设计

第一节 ＞ 概　述

在上一章中,我们详细讲述了矩阵位移法(直接刚度法)分析平面杆系结构的基本原理和计算方法。本章着重介绍如何把矩阵分析的过程变成计算机的电算程序,实现计算机的自动化计算。这个过程即是程序设计。

传统的程序设计通常分两步进行:第一步做程序的框图设计,把矩阵位移法的计算过程用流程框图表示;第二步是用计算机语言(如 C++)编写程序,书中程序涉及的有关 C++ 语言部分的介绍见附录Ⅱ。本书介绍一种新的程序设计方法——PAD 软件设计方法,用 PAD 设计代替传统的程序框图设计。所谓 PAD,是 Problem Analysis Diagram 的缩写,它是由一些框和线所描述的计算过程。与传统的程序框图相比,它更能简捷、明了地表现程序的逻辑过程,与人们的解题思路相一致,便于编写程序,因此更易于初学者掌握。

图 2-1 列出了几种常用的 PAD 符号,关于 PAD 的进一步介绍请参见附录Ⅰ。

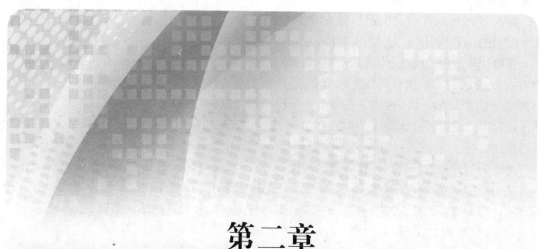

一般处理框(框中写出处理名或各种语句)

重复框(后判断循环,框中写出循环的条件)

Q ＜ S_1 / S_2　选择框(若Q条件为真时,执行S_1,否则执行S_2;若S_2为空时,可以省略该框)

接口

子程序调用框(框中写出子程序名)

def.或 —— 定义(用于添加或分解PAD)

定义框(框中写出定义名)

图 2-1　PAD 设计常用框图

在本书中,把程序设计的过程分为四步完成:

(1)把计算过程模块化,给出总体程序结构的 PAD 设计。

所谓计算过程的模块化,就是把矩阵位移法的计算公式中的每一个相对独立的计算部分作为一个模块,每一模块有其独立的功能,各模块之间又有联系。某些大的模块又可由几个较小的模块组成。若将每一模块的任务由一子程序来完成,则通过各子程序之间的接口将各模块连接起来。就得到总体程序结构的 PAD 设计。它表现的是程序总体的结构关系,与理论计算过程相对应。

模块的划分直接影响到程序的简捷程度。一般地,应将计算过程中重复执行的部分作为小模块,通过对小模块(子程序)的多次调用完成重复计算。这样不仅使得程序简捷、易读,还提高了计算效率。因此,在进行模块划分时,要对计算理论和公式熟练地掌握。

(2)主程序的 PAD 设计。

主程序的 PAD 与程序结构的 PAD 不同,它不是直接与所有模块联系,而是仅与某些较大的模块相联系。通过这种联系,主程序完成对整个结构的计算任务。

(3)子程序的 PAD 设计。

按各模块所规定的任务,将相应的计算步骤具体化地表示出来,就是子程序的 PAD 设计(见以下各节)。各个子程序完成所规定的具体任务。

(4)根据主程序和各子程序的 PAD 设计,用程序语言编写计算程序。

第二节 ➤ 平面刚架计算的主要标识符和程序结构

一、数组和变量标识符说明

为了便于阅读源程序,现将程序中所使用的主要标识符分为整型类和实型类,具体说明如下:

1.整型变量

nn:结点总个数(包括所有支座结点)。

nf:固定支座个数。

nd:非固定支座个数(包括发生支座位移的固定支座)。

ndf:非固定支座中的约束总个数。

ne:单元总数。

n:总刚阶数,也即结点位移分量总数。

npj:具有直接结点荷载作用的结点数。

npe:具有非结点荷载作用的单元数。

2.实型变量

cx:单元的 $\cos\alpha$ 值。

cy:单元的 $\sin\alpha$ 值。

u、v、fai:结点在 x、y 和转动方向上的位移。

3.整型数组

jl[ne]、jr[ne]:单元始、末端结点号数组。

ii[6]:单元杆端位移分量的定位数组。

mj[npj]:具有直接结点荷载作用的结点所对应的结点整体编号数组。

mf[npe]:具有非结点荷载作用的单元所对应的单元整体编号数组。

ind[npe]:非结点荷载类型数组。

ibd[ndf]:非固定支座中各约束所对应的位移分量整体编号数组。

4.实型数组

x[nn]、y[nn]:结点的 x、y 坐标数组。

ea[ne]、ei[ne]、al[ne]:存放各单元的 EA、EI、L 值。

c[6][6]:存放单元在结构坐标系下的单元刚度矩 $[k]^{e}$;以后各章在叙述中常用 $[C]$ 代替 $[k]^{e}$。

t[6][6]:存放坐标转换矩阵 $[T]$。

r[n][n]:存放结构的整体刚度矩阵 $[k]$;以后各章常以 $[R]$ 表示总刚。

qj[npj][3]:存放直接结点荷载的 X_D、Y_D、M_D 三个分量值。

aq[npe]、bq[npe]、q1[npe]、q2[npe]:分别存放表 2-3 中的 a、b、q_1 和 q_2 值。

p[n]:先存放综合结点荷载向量,解方程后存放结点位移向量。

ff[6]:存放单元在局部坐标系下的 6 个固端力分量。

f[6]:存放单元在局部坐标系下的最后杆端力。

dis[6]:存放单元在结构坐标系下的杆端位移的 6 个分量。

bd[ndf]:非固定支座中各约束在自身方向上的位移值(可为零值或非零值)。

二、程序结构的 PAD 设计

由于不同的程序设计者对计算过程所划分的模块可能有所不同,所以程序结构的 PAD 设计也会有所差别。考虑到既要使初学者易学易懂,又要兼顾程序的简捷、高效和模块的通用性,本章把平面刚架的计算过程按其不同的功能分为 6 个较大的模块,即:

(1)原始数据的输入与输出(input1)。

(2)组集总刚(wstiff)。

(3)形成综合结点荷载向量(load)。

(4)引入支承条件(bound)。

(5)求解方程得结点位移(gauss)。

(6)计算各单元的最后杆端力(nqm)。

括号中所示为各模块对应的子程序名。由这些子程序构成程序的主结构。另外,为了编制程序简单,避免程序段的重复,又将某些相对独立的计算划分为更小的模块。如求转换矩阵、单刚、单元定位向量以及单元固端力等,它们又各自对应一个子程序段。这样,大模块可以通过对小模块的调用完成自身的计算任务。本章将整个程序分为大小 11 个模块,按调用的先后用线将其连接起来,即完成了程序结构的 PAD 设计(图 2-2)。

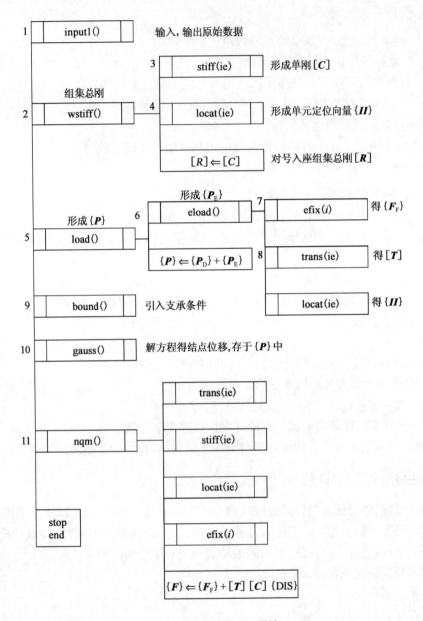

图 2-2　程序结构的 PAD 设计

说明:

①该图只表示模块的划分和子程序之间的调用关系。

②主干上的各子程序由主程序直接调用,分支中的各框为与其相应的主干上的子程序所要执行的内容。

③图中的 $\{P\} \Leftarrow \{P_D\} + \{P_E\}$ 表示由直接结点荷载和等效结点荷载叠加得到综合结点荷载向量 $\{P\}$。在程序中没有定义 $\{P_D\}$ 向量数组,而是直接存入 $\{P\}$ 中(参见子程序 load 的 PAD 设计)。

第三节 ➤ 平面刚架的主程序及数据的输入

一、平面刚架的主程序—— main

由上节程序结构的 PAD 可以看到,主程序直接与子程序 input1、load、bound、gauss 和 nqm 发生联系,通过对它们的调用完成整个计算。与程序结构的 PAD 不同之处在于,对主程序(或各子程序)的 PAD 设计,应增加对该程序段中用到的所有数组和某些变量的定义框,同时,还要考虑各个子程序之间、主程序与子程序之间的数据传递。为了节省内存,减少数据传递中的错误,本书把所有需要传递的数组和变量(除单元号采用哑实结合外)在主程序前定义为公共全局变量,在程序中只要调用相应的数组名或变量名即可实现程序间数据的传递。主程序的 PAD 设计如图 2-3 所示。

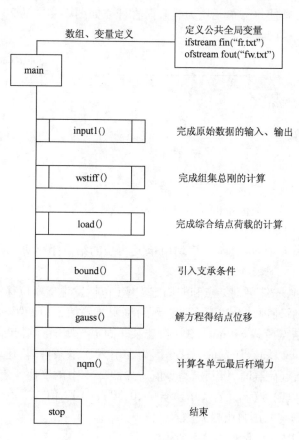

图 2-3　主程序的 PAD 设计

说明:

(1)为避免数据传递和调用出现错误和混乱,主程序与各子程序之间、各子程序之间需要传递的数组和变量均在主程序前给予定义,成为公共全局变量,从而方便地实现了数据的调用和传递(参见源程序)。

（2）仅在本程序段中用到的数据可以在本程序段中定义为局部变量。

（3）fr. txt 和 fw. txt 分别为原始数据文件和结果文件，开始运行程序前，必须在指定目录下建立原始数据文件 fr. txt。

根据主程序的 PAD 设计，可以写出相应的主程序段（参见源程序）。

二、数据的准备与输入——子程序 input1

平面刚架所有的原始数据均在子程序 input1 中输入，进而在主程序或其他子程序之间进行数据传递。

结构的原始数据主要分为两类：一类是控制参数，包括结点数 nn、单元数 ne、固定支座数 nf、非固定支座数 nd、直接结点荷载作用的结点数 npj、非结点荷载作用的单元数 npe 等，这些参数控制着解题的规模；另一类则是反映结构的几何尺寸、材料性质、荷载类型和大小等情况的数据。

数据准备与输入中的几点规定和说明：

（1）单元的划分必须使每一单元均为等截面直杆。如图 2-4 中的 2-4 杆应划分为两个单元②、③，即取 3 点为一结点。

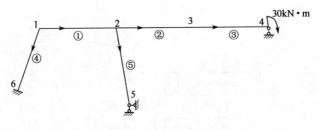

图　2-4

（2）规定各单元的局部坐标系的 $\bar{x}$ 轴正向为从小号端指向大号端（图 2-4 所示杆轴上的箭头所指方向为 $\bar{x}$ 轴正向）。

（3）各单元的杆长 L 和 $\cos\alpha$、$\sin\alpha$ 值均由单元两端的结点坐标算出。因此只输入各结点坐标值。

（4）对结点编号时，先编可动结点和非固定支座（包括发生支座位移的固定支座），后编固定支座，以便采用"前后处理结合法"引入支承条件（见本章第四节和第六节）。

（5）在输入直接结点荷载 qj[npj][3]时，若某非固定支座上有结点荷载，则该结点上与约束相对应的荷载分量可以输入任意值。这是因为在引入支承条件时，还要对该荷载分量进行修改。通常，在输入结点荷载时，将其输为零值。如图 2-4 中的支座 4 有集中弯矩作用，该结点的三个荷载分量可以输为（X_{D4}、Y_{D4}、M_{D4}）=（0,0,30），即 Y_{D4} 值按零值输入。

（6）所有原始数据均采用自由格式输入。

子程序 input1 的 PAD 设计如图 2-5 所示：

说明：

（1）原始数据（数组和变量）的值通过定义为公共全局变量后，传给调用它的主程序和子程序。

（2）图中增加了判断各单元的左结点号是否小于右结点号的功能。若某单元的左结点号不小于右结点号，则认为出错，程序运行中断。若左结点号小于右结点号，则继续循环，直至循环结束。

（3）为了检查输入的数据是否正确，应把所输入的数据输出。数据的输出可以在全部数

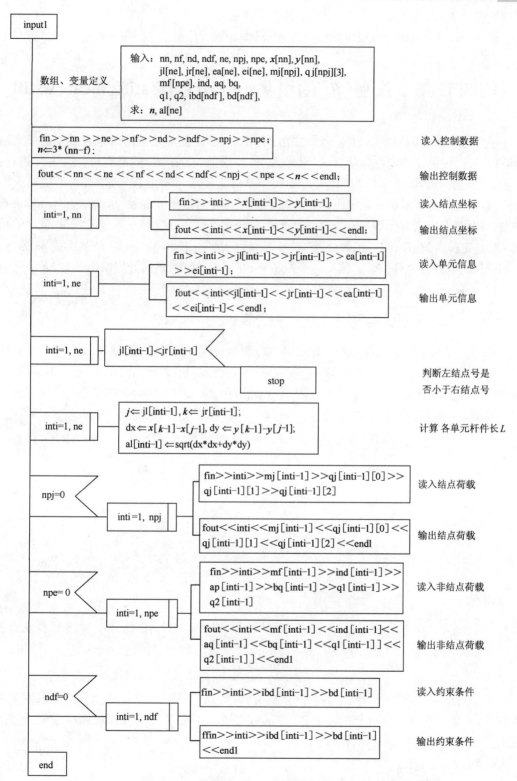

图 2-5 子程序 input1 的 PAD 设计

据读完以后进行,也可读完一项写出一项(参见源程序)。

根据 input1 的 PAD,可写出相应的程序段(参见源程序)。

第四节 ➤ 总刚[R]的组集——子程序 stiff、locat、wstiff

组集结构的总刚度矩阵[R],可以先由式(1-33)形成各单元在结构坐标系下的单元刚度矩阵[C],再按单元的定位向量{II}"对号入座"。因此,总刚[R]的组集可分为三步进行:第一步,对于第 ie 单元(ie = 1,2,…,ne),按式(1-33)直接给单刚中各元素赋值,形成单元刚度矩阵[C],此步由子程序 stiff 完成;第二步的任务是,根据 ie 单元的始、末端结点号计算该单元的定位向量{II},并存于数组 ii[6]中,此步由子程序 locat 完成;第三步即是把 ie 单元的单刚[C]按其定位向量{II}所指定的位置"对号入座"到总刚[R]中去,再对 ie 从 l 到 ne 循环,即得到结构的总刚度矩阵[R]。此步由子程序 wstiff 完成计算。下面分别给出 stiff、locat 和 wstiff的 PAD 设计。

一、形成单元刚度矩阵[C]——子程序 stiff

结构坐标系下的单元刚度矩阵如式(1-33)所示,其中各元素的值见式(1-32)。对于 ie 号单元,其抗拉刚度 ea[ie]、抗弯刚度 ei[ie]和单元长度 al[ie]均已在子程序 input1 中输入,并通过定义的公共全局变量传来。单元的 C_x、C_y 值可由单元两端所对应的结点坐标值求得。

从图 2-6 可知,若设 $i = $ jl[ie],$j = $ jr[ie]。

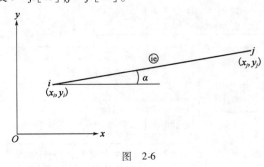

图 2-6

则有:

$$C_x = \frac{(x[j] - x[i])}{\text{al}[ie]}$$

$$C_y = \frac{(y[j] - y[i])}{\text{al}[ie]}$$

于是可按式(1-32)给单刚中的各元素赋值,再按式(1-33)形成单刚[C]。注意到单刚的对称性,可以先形成单刚的上三角元素(包括对角线上的元素),再根据对称性形成下三角的元素。子程序 stiff 的 PAD 设计如图 2-7 所示。

说明:

(1)单元号 ie 由调用它的程序段通过哑实结合传来。

(2)相应的程序段见源程序。

图 2-7　子程序 stiff 的 PAD 设计

二、求单元定位向量{ *ll* }——子程序 locat

当 ie 单元的单元刚度矩阵求出后,可以按照该单元所对应的始末端的号码"对号入座"到总刚[**R**]中去。但是,在第一章第四节中介绍"对号入座"时,为了讨论和书写方便,是以单刚子块的形式组集总刚的。实际上,单刚的每个子块均为 3×3(桁架为 2×2)的矩阵,在编写电算程序时,必须确定单刚中每个元素的入座位置。

设平面刚架的所有内部结点均为刚结点(对于内部有铰接点的情况,按第五章中介绍的方法处理),支座形式可以为固定、铰支、滑动等。这样,结构的任一结点均为 u、v、φ 三个独立的结点位移。在对结构的单元、结点统一编号的同时,还应对所有的结点位移分量进行统一编号。结点位移分量统一编号的次序为:对结点,按从小号到大号;对任一结点,按 u、v、φ 的次序编。另外,对结点的编号仍按先编可动结点,后编不动结点。如图 2-8 所示,对单元、结点和结点位移分量进行总体编号。

根据位移连续条件知,各单元在结构坐标系下的杆端位移与它的始末端所对应的结点位移是相等的。因此,当对应于所有结点的结点位移分量的总体编号已知时,根据各单元的始末端的结点号,即可确定该单元6个杆端位移分量的总体编号。表2-1给出了图2-8所示结构的各单元所对应的始末端结点号和杆端位移分量的总体编号的对应关系。

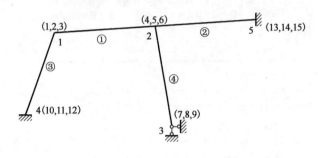

图 2-8

表 2-1

单 元	始端 i	末端 j	结 点 位 移 分 量 编 号					
			u_i	v_i	φ_i	u_j	v_j	φ_j
①	1	2	1	2	3	4	5	6
②	2	5	4	5	6	13	14	15
③	1	4	1	2	3	10	11	12
④	2	3	4	5	6	7	8	9

由图2-8和表2-1可看出,刚架的内部结点全为刚结点,且按照上述结点位移分量的编号次序进行编号时,结构的结点编号和相应的结点位移分量的编号有一种简单的对应关系。即对于任意结点 i,其位移分量 u_i、v_i 和 φ_i 的编号分别为 $3i-2$、$3i-1$ 和 $3i$。于是,对于任意单元,均可以根据其始末端的结点号确定其杆端位移分量所对应的总体编号,也即可以确定单刚中的各元素在总刚中的位置。

对于 ie 号单元,设其始端号为 $i(=\mathrm{jl}[\mathrm{ie}])$,末端号为 $j(=\mathrm{jr}[\mathrm{ie}])$。根据上面的分析,ie 号单元的单元刚度矩阵 $[C]$ 的6行(或6列)在总刚中对应的行号(或列号),分别为 $3i-2$、$3i-1$、$3i$;$3j-2$、$3j-1$、$3j$。将这6个数据存于数组 ii[6] 中,则数组 ii[6] 记录的是 ie 号单元的单元刚度矩阵 $[C]$ 中的各元素在总刚 $[R]$ 中的位置,故称其为单元定位向量数组。单刚 $[C]$ 中的行和列与数组 ii[6] 的对应关系如图2-9所示。

在 $[R]$ 中的列号	ii[1]	ii[2]	ii[3]	ii[4]	ii[5]	ii[6]	杆端结点号	在 $[C]$ 中的行号	在 $[R]$ 中的行号
在 $[C]$ 中的列号	1	2	3	4	5	6			
杆端结点号			i			j			

$$[C] = \begin{bmatrix} C_{11} & C_{12} & C_{13} & \vdots & C_{14} & C_{15} & C_{16} \\ C_{21} & C_{22} & C_{23} & \vdots & C_{24} & C_{25} & C_{26} \\ C_{31} & C_{32} & C_{33} & \vdots & C_{34} & C_{35} & C_{36} \\ \cdots & & & & & & \\ C_{41} & C_{42} & C_{43} & \vdots & C_{44} & C_{45} & C_{46} \\ C_{51} & C_{52} & C_{53} & \vdots & C_{54} & C_{55} & C_{56} \\ C_{61} & C_{62} & C_{63} & \vdots & C_{64} & C_{65} & C_{66} \end{bmatrix} \begin{matrix} 1 & \mathrm{ii}[1] \\ i \quad 2 & \mathrm{ii}[2] \\ 3 & \mathrm{ii}[3] \\ 4 & \mathrm{ii}[4] \\ j \quad 5 & \mathrm{ii}[5] \\ 6 & \mathrm{ii}[6] \end{matrix}$$

图 2-9

根据以上分析,可以给出求单元定位向量数组 ii[6] 的子程序 locat 的 PAD 设计,如图2-10

所示,相应的程序段参见源程序。

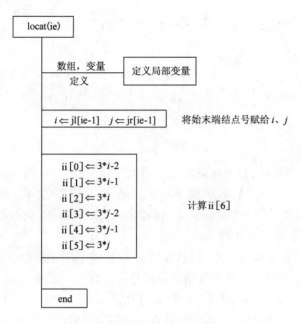

图 2-10 子程序 locat 的 PAD 设计

三、组集总刚[R]——子程序 wstiff

当由子程序 stiff 求出 ie 单元的单刚[C]后,可以根据子程序 locat 求出定位数组 ii[6],把单刚[C]中的各元素入座到总刚[R]中去。由图 2-9 可以看出,[C]中的元素 C_{ij} 对应于总刚[R]中的元素 $R_{ii[i],ii[j]}$,即:

$$C_{ij} \rightarrow R_{ii[i],ii[j]} \quad (i,j=1,6)$$

即应把单刚[C]中处在第 i 行第 j 列的元素送到总刚[R]中的第 ii[i] 行第 ii[j] 列的位置上去。取 i 和 j 从 1 到 6 循环,即将[C]中的所有元素入座到[R]中去。再对所有单元循环,即可得到总刚[R]。

注意:在上述组集总刚的过程中,并没有考虑支座约束条件。若当组集好总刚[R]后,再引入支承条件,就是"后处理法"。在程序中应用后处理法,不是通过"划行划列"的方法,而是保持总刚的阶数不变,对总刚和荷载列阵中的某些元素的值进行修改,以达到引入支承条件的目的(见本章第六节)。

我们知道,对于线弹性结构,用矩阵位移法所得到的结构刚度方程是一个线性代数方程组,显然,降低系数矩阵(即刚度矩阵[R]的阶数),不仅可以节约计算机内存,而且可以提高计算速度,减少计算时间。降低刚度矩阵阶数的方法可以采用"前处理法"引入支承条件。这种方法的思想是只对所有结点的未知位移进行统一编号,将与支承约束相对应的位移分量编为 0 号,而各单刚中凡与 0 号位移相对应的元素不参加组集总刚。这样,结构未知数的个数(也即总刚的阶数)等于所有未知结点位移的总个数。

如图 2-11 所示结构,对结点和结点位移分量进行总编号。整个结构有 11 个未知结点位移,因此,总刚[R]为 11×11 阶方阵,大大降低了"后处理法"解题时的总刚阶数(用后处理法时[R]为 21×21 阶)。

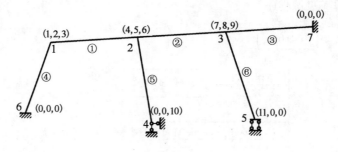

图 2-11

但是,从图 2-11 可以看出,对支承条件全部采用"前处理法"时,结点位移分量的编号与结点编号之间已不存在 $3i-2$、$3i-1$、$3i$ 的简单对应关系,这使程序的编写较复杂。为了既不破坏结点与结点位移分量之间的简单对应关系,又能降低总刚的阶数,我们可以采用下述改进的方法——"前后处理结合法",其步骤如下:

（1）对结点编号时,先编可动结点（包括非固定支座）,后编固定支座结点。

（2）相应于结点编号的顺序,对所有结点位移分量进行统一编号。

（3）设结构的总结点数为 nn,固定支座数为 nf,则取 $n = 3 \times (\text{nn} - \text{nf})$ 作为总刚 $[\boldsymbol{R}]$ 的阶数（也即未知数的个数）。在组集总刚时,若某结点的位移分量编号大于 n,则与其相应的单刚元素不参加组集总刚。

例如图 2-11 所示结构,采用"前后处理结合法"编号,如图 2-12 所示。此时,$n = 3 \times (7 - 2) = 15$,而对于④号单元,始端号 $i = 1$,末端号 $j = 6$,于是可知该单元的单刚中各元素在总刚 $[\boldsymbol{R}]$ 中的对应位置如图 2-13 所示。

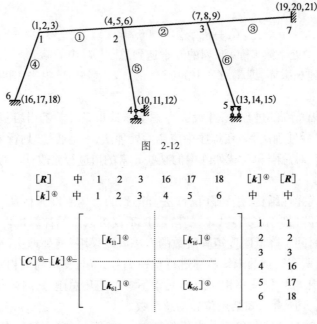

图 2-12

$[\boldsymbol{R}]$ 中	1	2	3	16	17	18	$[\boldsymbol{k}]^{④}$ 中	$[\boldsymbol{R}]$ 中
$[\boldsymbol{k}]^{④}$ 中	1	2	3	4	5	6		

$$[\boldsymbol{C}]^{④}=[\boldsymbol{k}]^{④}=\begin{bmatrix} [\boldsymbol{k}_{11}]^{④} & \vdots & [\boldsymbol{k}_{16}]^{④} \\ \cdots & \cdots & \cdots \\ [\boldsymbol{k}_{61}]^{④} & \vdots & [\boldsymbol{k}_{66}]^{④} \end{bmatrix} \begin{matrix} 1 & 1 \\ 2 & 2 \\ 3 & 3 \\ 4 & 16 \\ 5 & 17 \\ 6 & 18 \end{matrix}$$

图 2-13

由图 2-13 可见,单刚中 $[\boldsymbol{k}]^{④}$ 的子块 $[\boldsymbol{k}_{16}]^{④}$、$[\boldsymbol{k}_{61}]^{④}$ 和 $[\boldsymbol{R}]_{15 \times 15}$ 均处在总刚 $[\boldsymbol{R}]_{15 \times 15}$ 以外,

因此不参加组集总刚。

（4）对非固定支座中的约束条件进行"后处理"（见本章第六节）。如图 2-12 的支座 4、5 中的约束条件,用"后处理法"引入。

以上所述的"前后处理结合法",实际上就是对固定支座前处理,对非固定支座后处理的方法。下面讨论其如何在程序中实现的问题。

对于单元 ie,设其单刚[C]和定位数组 ii[6]已分别由子程序 stiff 和 locat 求出。单刚中的各元素与在总刚中的位置的对应关系如图 2-9 所示。设总刚的阶数为 n。单刚[C]中的元素 C_{ij} 对应于总刚[R]中的元素为 $R_{ii[i],ii[j]}$ ($i,j=1,6$)。此时应先判断 ii[i] 和 ii[j] 是否大于 n。若均不大于 n,则把 C_{ij} 叠加到 $R_{ii[i],ii[j]}$ 上去;若 ii[i] 和 ii[j] 中至少有一个大于 n,则 C_{ij} 不参与叠加。取 i 和 j 从 1 到 6 循环,即将[C]中所有的元素进行了处理。再对所有单元循环,即完成了总刚[R]的组集。

根据上述分析,给出子程序 wstiff 的 PAD 设计,如图 2-14 所示,相应的程序段参见源程序。注意到[R]的对称性,可以先形成上三角,下三角根据对称性求得。

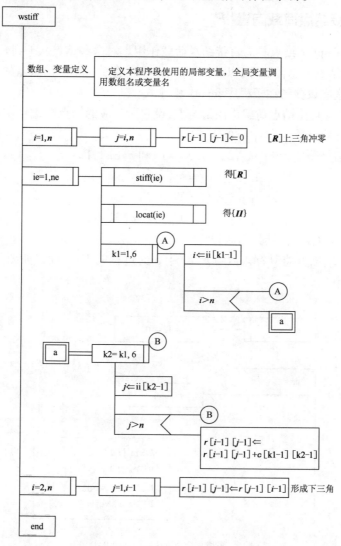

图 2-14　子程序 wstiff 的 PAD 设计

第五节 ▶ 综合结点荷载向量{P}的形成
——子程序 efix、trans、eload、load

在第一章推导的结构刚度方程中。综合结点荷载向量{**P**}是直接结点荷载向量{**P**_D}和由非结点荷载引起的等效结点荷载向量{**P**_E}之和，即{**P**} = {**P**_D} + {**P**_E}。结构上所受的结点荷载和各种非结点荷载的有关信息和量值已在子程序 input1 中读入，可据此形成综合结点荷载向量{**P**}。形成{**P**}的过程可分为两步进行：第一步，根据所读入的直接结点荷载信息和量值形成直接结点荷载向量{**P**_D}，由于此步较简单，因此直接在 load 中完成，并将{**P**_D}存入{**P**}中；第二步，根据非结点荷载的有关信息和量值形成等效结点荷载向量{**P**_E}，此步相对复杂些，故另由子程序 eload 完成其计算。通过 load 对 eload 的调用，最后求得综合结点荷载向量{**P**}。下面分别讨论。

一、形成直接结点荷载向量{P_D}

设结构上共有 npj 个结点具有直接结点荷载作用。对这些结点从 1 到 npj 编号，并以数组 mj[npj]记录这些结点的总体编号，以数组 qj[npj][3]存放 npj 个结点上的 X_D、Y_D 和 M_D3 个荷载分量。以上这些数据已在子程序 input1 中输入。

对于第 i 个具有直接结点荷载作用的结点，设它所对应的结点总编号为 $k = $ mj[i]。于是，该结点上的 3 个荷载分量 qj[i][1]($= X_{DK}$)、qj[i][2]($= Y_{DK}$)、qj[i][3]($= M_{DK}$)，所对应的荷载列阵中的总分量号分别为 $p[3k-2]$、$p[3k-1]$ 和 $p[3k]$，即：

$$q j[i][1] = X_{DK} \quad \rightarrow p[3k-2]$$
$$q j[i][2] = Y_{DK} p[3k-1]$$
$$q j[i][3] = M_{DK} \quad \rightarrow p[3k]$$

于是，按照对应关系，将其分别送到相应的位置上去，再对 i 从 1 到 npj 循环，即可形成直接结点荷载向量{**P**_D}，并将其存入数组 $p[n]$ 中。此过程的 PAD 设计如图 2-15 所示，相应的程序段参见源程序。

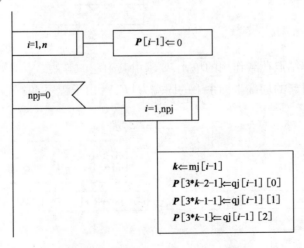

图 2-15　形成直接结点荷载向量的 PAD 设计

对于可动支座结点上有结点荷载作用的情况,应按第三节中的二(5)说明处理。如图2-16所示结构,在可动支座 7、8 上,有结点荷载作用,整个结构上具有结点荷载作用的结点数 npj = 4。为避免遗漏,可以按结点总编号的顺序对这些结点进行编号。关于结点荷载的信息和数据列于表 2-2。

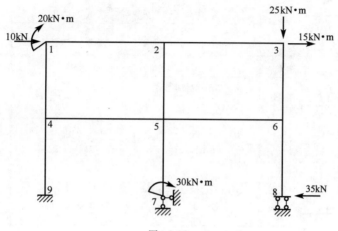

图 2-16

表 2-2

有荷载作用的结点编号	对应的结点总编号 $k = mj[i]$	对应的荷载分量号 $3k-2,3k-1,3k$			结点荷载值		
					X_D	Y_D	M_D
1	1	1	2	3	10	0	20
2	3	7	8	9	15	−25	0
3	7	19	20	21	0	0	30
4	8	22	23	24	−35	0	0

二、形成等效结点荷载列阵 $\{P_E\}$——子程序 eload

对于任一个具有非结点荷载作用的单元,要求由其引起的等效结点荷载,应先求出该单元在非结点荷载作用下引起的局部坐标系下的固端力 $\{F_F\}$(由子程序 efix 完成),再将其转换到结构坐标系中来,坐标转换矩阵 $[T]$(由子程序 trans 计算),然后将其反号后按定位向量 $\{II\}$(由子程序 locat 求出)所指定的位置叠加到 $\{P_E\}$ 中去。对所有具有非结点荷载作用的单元循环,即可得到总的等效结点荷载列阵 $\{P_E\}$。下面分别给出子程序 efix、trans 和 eload 的 PAD设计:

1.单元固端力 $\{F_F\}$ 的计算——子程序 efix

单元的固端力与作用在梁上的荷载类型有关。表 2-3 列出了 8 种荷载引起的固端力的值。同时将温度改变的影响也作为广义荷载列出。至于支座位移的影响,本书在"后处理法"引入支承条件时考虑,故表中未列出。

表2-3　平面一般单元的固端力$\{F_F\}$（各杆长 L）

荷载类型 ind[i]	荷载简图	单元固端力			说　明
		表示	始　端 i	末　端 j	
1		$\bar{F}_{FN}$	0	0	集中荷载 q_2、b 可输入任意值
		$\bar{F}_{FS}$	$-q_1(L-a)^2\left(1+2\dfrac{a}{L}\right)/L^2$	$-q_1 a^2\left(3-2\dfrac{a}{L}\right)/L^2$	
		$\bar{M}_F$	$q_1 a(L-a)^2/L^2$	$-q_1 a^2(L-a)/L^2$	
2		$\bar{F}_{FN}$	0	0	均布荷载 $q_1=q_2=q$
		$\bar{F}_{FS}$	$-q_1 b_2(12b_1^2 L-8b_1^3+b_2^2 L-2b_1 b_2^2)/4L^2$	$-q_1 b_2-\bar{F}_{FSi}$	$b_1=L-\dfrac{a+b}{2}$
		$\bar{M}_F$	$q_1 b_2(12b_3 b_1^2-3b_1 b_2^2+b_2^2 L)/12L^2$	$-q_1 b_2(12b_3^2 b_1+3b_1 b_2^2-2b_2^2 L)/12L^2$	$b_2=b-a$ $b_3=\dfrac{a+b}{2}$
3		$\bar{F}_{FN}$	0	0	三角形荷载 $q_1=0$
		$\bar{F}_{FS}$	$-q_2 c_2(18c_1^2 L-12c_1^3+c_2^2 L-2c_1 c_2^2-\dfrac{4}{45}c_2^3)/12L^3$	$-\dfrac{1}{2}q_2 c_2-\bar{F}_{FSi}$	$c_1=L-\dfrac{2b+a}{3}$
		$\bar{M}_F$	$q_2 c_2(18c_3 c_1^2-3c_3 c_2^2+c_2^2 L-2c_2^3/15)/36L^2$	$-q_2 c_2(18c_3^2 c_1+3c_1 c_2^2-2c_2^2 L+2c_2^3/15)/36L^2$	$c_2=b-a$ $c_3=\dfrac{2b+a}{3}$
4		$\bar{F}_{FN}$	0	0	集中弯矩 q_2、b 可输入任意值
		$\bar{F}_{FS}$	$-6q_1 a(L-a)/L^3$	$6q_1 a(L-a)/L^3$	
		$\bar{M}_F$	$q_1(L-a)(3a-L)/L^2$	$q_1 a(2L-3a)/L^2$	
5		$\bar{F}_{FN}$	0	0	均布弯矩 $q_1=q_2$
		$\bar{F}_{FS}$	$-q_1(3Ld_2-2d_1)/L^3$	$-\bar{F}_{FSi}$	$d_1=b^3-a^3$
		$\bar{M}_F$	$q_1\left[2d_2+(b-a)L-\dfrac{d_1}{L}\right]/L$	$q_1\left(d_2-\dfrac{d_1}{L}\right)/L$	$d_2=b^2-a^2$
6		$\bar{F}_{FN}$	$-q_1\left(1-\dfrac{a}{L}\right)$	$-q_1\dfrac{a}{L}$	集中荷载 q_2、b 可输入任意值
		$\bar{F}_{FS}$	0	0	
		$\bar{M}_F$	0	0	
7		$\bar{F}_{FN}$	$-q_1(b-a)\left(1-\dfrac{b+a}{2L}\right)$	$-\dfrac{q_1 d_2}{2L}$	均布轴向荷载 $q_1=q_2$
		$\bar{F}_{FS}$	0	0	$d_2=b^2-a^2$
		$\bar{M}_F$	0	0	
8		$\bar{F}_{FN}$	0	0	温度变化 a:填线胀系数 α 值;
		$\bar{F}_{FS}$	0	0	b:填截面高度 h 值; q_1:填下侧温度 t_2;
		$\bar{M}_F$	$-a(q_1-q_2)\dfrac{EI}{b}$	$-\bar{M}_{Fi}$	q_2:填上侧温度 t_1

设刚架结构上共有 npe 个表 2-3 所示的非结点荷载,将这些单元从 1 至 npe 编号,并以数

组 mf[npe]记录这些单元的总体编号;以数组 ind[npe]记录非结点荷载的类型;以数组 aq[npe]、bq[npe]、q1[npe]和 q2[npe]分别表示表2-3 中的 a、b、q_1 和 q_2 值。

设第 i 个具有非结点荷载作用的单元的单元号为 k,则 $k = mf[i]$。于是,k 单元的固端力 $\{\overline{F}\}^k$ 可以根据 ind[i]、aq[i]、bq[i]、q1[i]和 q2[i]的值由表2-3 中的相应公式算出,并将其存入数组 ff[6]中。

需要说明的是:

(1)当某单元上作用的荷载类型不止一类时,可以采用叠加的方法求固端力。

(2)同一单元上受几种类型的荷载作用,就要对该单元进行几次荷载编号。

例如图 2-17 所示结构,单元①上有两种类型的荷载作用,故应对该单元进行两次荷载编号。也即认为整个结构共有 4 个非结点荷载(npe = 4),其编号及相应的数据如表2-4 所示。

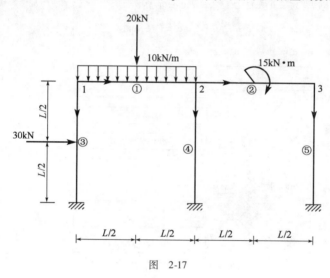

图　2-17

表 2-4

荷载编号 i	单元编号 $k = mf[i]$	荷载类型 ind[i]	aq[i]	bq[i]	q1[i]	q2[i]
1	①	1	$L/2$	任意值	−20	任意值
2	①	2	0	L	−10	−10
3	②	4	$L/2$	任意值	15	任意值
4	③	1	$L/2$	任意值	30	任意值

注:表中的"任意值",在具体输入时一般输为"0"值。

下面给出第 i 号具有非结点荷载作用的单元的固端力计算——子程序 efix 的 PAD 设计,如图 2-18 所示,相应的程序段见源程序。

说明:

(1)图 2-18 中的多项选择框意义为:若 ind[i] = 1,则执行源程序中语句标号 case1 后的语句;ind[i] = 2,则执行 case2 后的语句;其余类推。

(2)case1 ~ case8 分别对应表2-3 中的第 1 ~ 8 号类型的荷载。

(3)固端力的值可以直接由表2-3 中的公式算得。

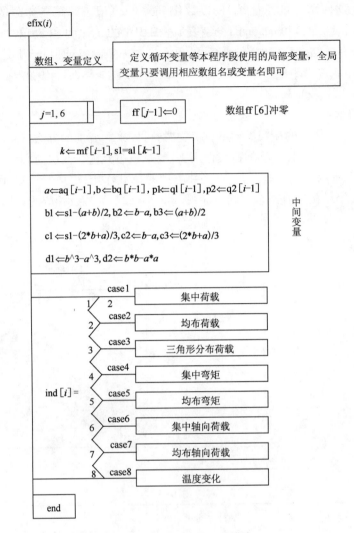

图 2-18 子程序 cfix 的 PAD 设计

2.坐标转换矩阵[$\boldsymbol{T}$]——子程序 trans

由子程序 efix 求出的单元固端力 $\{\boldsymbol{F}_F\}$ 是在单元局部坐标系下的值。应先将其转换到结构坐标系上,才能确定由此引起的等效结点荷载。固端力的转换公式为:

$$\{\boldsymbol{F}_F\}^{\text{e}} = [\boldsymbol{T}]^T \{\overline{\boldsymbol{F}}_F\}^{\text{e}}$$

为此,应先求出单元的坐标转换矩阵[$\boldsymbol{T}$]。

单元的坐标转换矩阵是根据单元的杆端结点坐标计算出 C_x、C_y 值后,按式(1-20)形成的。

对于任意 ie 号单元,设其始端结点号为 $i(=\text{jl}[\text{ie}])$,末端的结点号为 $j(=\text{jr}[\text{ie}])$。于是,始末端的结点坐标即可知道:$(x_1,y_1)=(x[i],y[i])$,$(x_2,y_2)=(x[j],y[j])$(图2-6),进而可以求出 C_x、C_y 值并形成坐标转换短阵[$\boldsymbol{T}$]。上述计算由子程序 trans 完成。trans 的 PAD 设计如图2-19 所示,相应的程序段见源程序。

3.形成等效结点荷载 $\{\boldsymbol{P}_E\}$ ——子程序 eload

结构上共有 npe 个单元具有非结点荷载,对这些单元从 1 到 npe 统一编号。对于第 i 个非结点荷载。设其对应的单元号为 $k(= \mathrm{mf}[i])$，于是可以知道该单元的始末端结点号分别为 $i = \mathrm{jl}[k]$，$j = \mathrm{jr}[k]$。当由子程序 efix 求出 k 号单元的固端力 $\{\overline{\boldsymbol{F}}\}^{\textcircled{k}}$（存于 $\{\boldsymbol{F}_\mathrm{F}\}$ 中）后，再由公式 $\{\boldsymbol{F}_\mathrm{F}\} = [\boldsymbol{T}]^\mathrm{T}\{\overline{\boldsymbol{F}}_\mathrm{F}\}^{\textcircled{k}}$ 将其转换到结构坐标中来，并将其存入 $\{\boldsymbol{F}\}$（对应数组 $f[6]$）中。

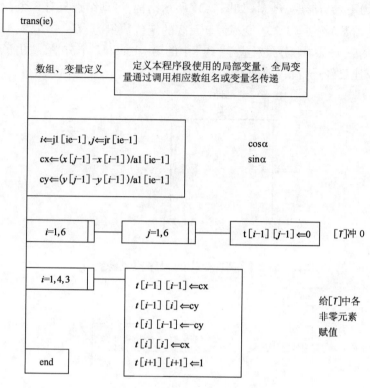

图 2-19　子程序 trans 的 PAD 设计

因为：

$$\{\boldsymbol{F}_\mathrm{F}\} = \begin{Bmatrix} \{\boldsymbol{F}_{\mathrm{F}i}\} \\ \cdots \\ \{\boldsymbol{F}_{\mathrm{F}j}\} \end{Bmatrix} = \begin{Bmatrix} F[1] \\ F[2] \\ F[3] \\ \cdots \\ F[4] \\ F[5] \\ F[6] \end{Bmatrix}$$

根据式（1-67）知，$-\{\boldsymbol{F}_{\mathrm{F}i}\}^{\textcircled{k}}$ 和 $-\{\boldsymbol{F}_{\mathrm{F}j}\}^{\textcircled{k}}$ 分别为 k 号单元上的非结点荷载引起的结点 i 和结点 j 上的等效节点荷载。又因为 k 号单元的定位向量为：

$$\{\boldsymbol{II}\} = [3i-2, 3i-1, 3i; 3j-2, 3j-1, 3j]^\mathrm{T}$$

于是可知 $\{\boldsymbol{F}_\mathrm{F}\}^{\textcircled{k}}$ 中的六个固端力的值在 $\{\boldsymbol{P}_\mathrm{E}\}$ 中的位置有下述对应关系（图 2-20）。

$$
\begin{array}{ll}
-f[1] \to \mathrm{pe}[3i-2] & -f[4] \to \mathrm{pe}[3j-2] \\
i: \quad -f[2] \to \mathrm{pe}[3i-1] \quad ; \quad j: & -f[5] \to \mathrm{pe}[3j-1] \\
-f[3] \to \mathrm{pe}[3i] & -f[6] \to \mathrm{pe}[3j]
\end{array}
$$

图　2-20

因此,将 k 单元的六个固端力的值反号后按照图 2-20 所示的关系叠加到等效荷载列阵 $\{P_E\}$ 中去,再对所有具有非结点荷载的单元(npe 个)重复执行上述步骤,即得到 $\{P_E\}$。

需要说明的是:若结构中某个有非结点荷载作用的单元连接着固定支座时,则相应于固定支座端的固端力不参与形成 $\{P_E\}$。如图 2-21 所示结构,可动结点只有 3 个,所以荷载向量的阶数(也即总刚阶数)为 $n = 3 \times 3 = 9$。而单元③的定位数组为 $\{II\} = [1,2,3;10,11,12]^T$,即该单元在 4 端的三个固端力分量对应于 $\{P_E\}$ 中的第 10、11、12 个分量,超出了 n 值,故应去掉(因为对固定支座已经进行了"前处理")。

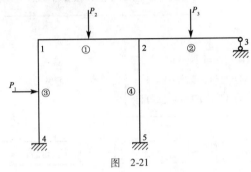

图 2-21

子程序 eload 的 PAD 设计见图 2-22,相应的程序段见源程序。

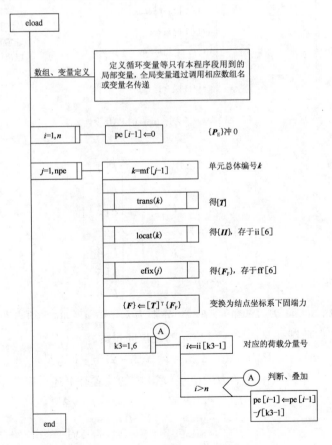

图 2-22 子程序 eload 的 PAD 设计

说明：

图中的接口Ⓐ表示当某一固端力所对应的分量号大于 n 时，则不参与叠加，转去执行对 i 循环，直到对 i 的循环结束。

三、形成综合结点荷载向量{*P*}——子程序 load

在图 2-15 中已经求出直接结点荷载引起的荷载向量（存于{*P*}中），再通过对子程序 eload 的调用求得{*P*$_\mathrm{E}$}，两者叠加即可得到综合结点荷载，并仍存于{*P*}中。其 PAD 设计如图 2-23 所示。与 load 相应的程序段参见源程序。

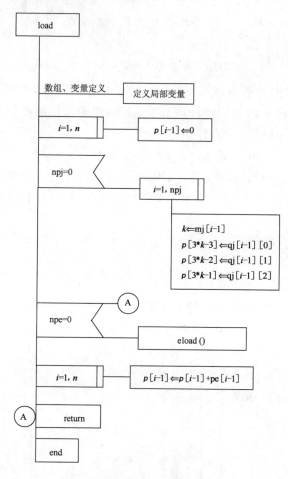

图 2-23　子程序 loud 的 PAD 设计

第六节 ➤ "后处理法"引入可动支座中的约束条件
——子程序 bound

在第一章第五节中介绍"后处理法"引入支承条件时，是采用删去结构原始刚度矩阵中与零位移对应的行和列的方法进行的。但是，由于这样做通常会改变刚度矩阵中的某些行号和列号,给程序的编制带来不便。因此,程序设计中常采用"赋大值法"或"主1付0法"引入支承条件。这两种方法均属于"后处理法",现在分别给予介绍。

一、赋大值法

设结构的原始刚度方程为:

$$\begin{Bmatrix} P_1 \\ P_2 \\ \vdots \\ P_j \\ \vdots \\ P_n \end{Bmatrix} = \begin{Bmatrix} R_{11} & R_{12} & \cdots & R_{1j} & \cdots & R_{1n} \\ R_{21} & R_{22} & \cdots & R_{2j} & \cdots & R_{2n} \\ \vdots & \vdots & \ddots & \vdots & \ddots & \vdots \\ R_{j1} & R_{j2} & \cdots & R_{jj} & \cdots & R_{jn} \\ \vdots & \vdots & \ddots & \vdots & \ddots & \vdots \\ R_{n1} & R_{n2} & \cdots & R_{nj} & \cdots & R_{nn} \end{Bmatrix} \begin{Bmatrix} \delta_1 \\ \delta_2 \\ \vdots \\ \delta_j \\ \vdots \\ \delta_n \end{Bmatrix} \tag{2-1}$$

设某一结点位移分量 δ_j 的值已知为 C_j(包括 $C_j = 0$)。将总刚中的主元素 R_{jj} 换为一个充分大的数 A(如取 $A = 1.0 \times 20^{20}$,以使计算机不溢出为原则),同时将与 δ_j 对应的荷载分量 P_j 换为 AC_j,于是式(2-1)中的第 j 个方程变为:

$$AC_j = R_{j1}\delta_1 + R_{j2}\delta_2 + \cdots + A\delta_j + \cdots + R_{jn}\delta_n$$

由于式中的 A 值相对于其他系数很大,因此,可将不含 A 的各项忽略,从而得出足够精确的解答 $\delta_j = C_j$。通过这种处理,既引入了 $\delta_j = C_j$ 的位移条件,又没有改变总刚的阶数,同时保持了总刚的对称性。

二、"主1付0法"

设已知 $\delta_j = C_j$。采用下述步骤处理:

(1)将总刚中的主元素 R_{jj} 换为1,第 j 行和第 j 列的其他元素全换为0。

(2)把荷载列阵中的 P_j 换为 C_j,其余分量 P_i 换为 $P_i - R_{ij}C_j (i = 1, 2, \cdots, n, i \neq j)$。

于是,方程组(2-1)变为:

$$\begin{Bmatrix} P_1 - R_{1j}C_j \\ P_2 - R_{2j}C_j \\ \vdots \\ C_j \\ \vdots \\ P_n - R_{nj}C_j \end{Bmatrix} = \begin{Bmatrix} R_{11} & R_{12} & \cdots & 0 & \cdots & R_{1n} \\ R_{21} & R_{22} & \cdots & 0 & \cdots & R_{2n} \\ \vdots & \vdots & \ddots & \vdots & \ddots & \vdots \\ 0 & 0 & \cdots & 1 & \cdots & 0 \\ \vdots & \vdots & \ddots & \vdots & \ddots & \vdots \\ R_{n1} & R_{n2} & \cdots & 0 & \cdots & R_{nn} \end{Bmatrix} \begin{Bmatrix} \delta_1 \\ \delta_2 \\ \vdots \\ \delta_j \\ \vdots \\ \delta_n \end{Bmatrix} \tag{2-2}$$

由式(2-2)可以看出,这实际上是把支座位移 $\delta_j = C_j$ 的影响转化成了等效结点荷载。由第 j 个方程可得:

$$C_j = 0 \cdot \delta_1 + 0 \cdot \delta_2 + \cdots + 0 \cdot \delta_j + \cdots + 0 \cdot \delta_n = 0 \cdot \delta_j$$

即有 $\delta_j = C_j$,得到的是精确解。

上述两种方法相比较,由于"主1付0法"要对总刚以及荷载列阵中的许多元素进行改变,所以不如"赋大值法"简便。一般地,当所谓的大值 A 取得充分大时,赋大值法得到的解能够满足工程误差要求,因此常被采用。本章程序采用赋大值法引入支承条件。

设刚架中共有 nd 个非固定支座(包括活动铰支、固定铰支、定向支座和有已知位移的固定支座),这些支座中又有 ndf 个支承约束(包括发生支座移动的约束)。对这 ndf 个约束进行统一编号(为避免重复或遗漏,可以按照结点位移分量的编号顺序进行编号),并以数组ibd[ndf]记录这些约束所对应的结点位移分量的总体编号,以 bd[ndf]记录这些约束所对应的位移值(零值或非零值)。如图 2-24 所示结构,对结点和结点位移分量总体编号。此结构的可动支座 nd =3,其中又有 5 个约束,即 ndf =5。对这 5 个约束进行统一编号,其相关各值见表 2-5。

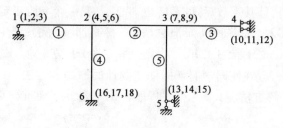

图　2-24

表 2-5

编号 i	1	2	3	4	5
对应的位移分量号 $k = \mathrm{ibd}[i]$	2	10	12	13	14
该约束的位移值 $\mathrm{bd}[i]$	0	0	0	0	0

对于第 i 号约束,设其对应的结点位移分量的总体编号为 $k(=\mathrm{ibd}[i])$。于是,在用"赋大值法"引入该支承条件时,应取总刚 $[\boldsymbol{R}]$ 中的元素 $R_{kk} = A(A$ 为大值$)$;荷载列阵中的 $P_k = A \cdot \mathrm{bd}[i]$,对 i 从 1 到 ndf 循环,即引入了所有支承条件。根据上述分析,可给出子程序 bound 的 PAD 设计(图 2-25),相应的程序段参见源程序。

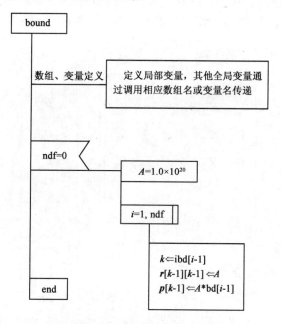

图 2-25　子程序 bound 的 PAD 设计

第七节 ＞ 高斯消元法解结构刚度方程——子程序 gauss

在引入支承条件以后,结构刚度方程:

$$[\boldsymbol{R}]\{\boldsymbol{\Delta}\} = \{\boldsymbol{P}\}$$

是一个 n 阶线性方程组,且其系数矩阵 $[\boldsymbol{R}]$(也即总刚)是一个 n 阶正定、对称矩阵。对这种方程组的求解方法有很多种,如各种高斯消去法(直接高斯消去法、列主元或全主元高斯消去法)、各种分解法(如 Crout 分解法、LDL^T 分解法、平方根分解法)等。本节从教学的观点出发,只介绍直接高斯消去法,旨在使同学们掌握程序设计的原理和方法。以后在实际应用中若需要更精确、更有效的求解方法,可参见有关程序汇编书籍。下面推导直接高斯消去法的计算公式。

设有线性方程组:

$$[\boldsymbol{R}]\{\boldsymbol{X}\} = \{\boldsymbol{P}\} \tag{2-3}$$

其展开式为:

$$\begin{bmatrix} R_{11}^0 & R_{12}^0 & \cdots & R_{1n}^0 \\ R_{21}^0 & R_{22}^0 & \cdots & R_{2n}^0 \\ \vdots & \vdots & \ddots & \vdots \\ R_{n1}^0 & R_{n2}^0 & \cdots & R_{nn}^0 \end{bmatrix} \begin{Bmatrix} x_1 \\ x_2 \\ \vdots \\ x_n \end{Bmatrix} = \begin{Bmatrix} P_1^0 \\ P_2^0 \\ \vdots \\ P_n^0 \end{Bmatrix} \tag{2-4}$$

上标"0"表示求解以前的值。

用直接高斯消去法解线性方程组,其过程分为两步,即消元过程和回代过程。消元过程就是通过一系列 $(n-1)$ 次)行初等变换,把其系数矩阵变成上三角矩阵。其过程如下:首先,把式(2-4)第一式中的各元素分别乘以 $-\dfrac{R_{i1}^0}{R_{11}^0}$,加到第 i 行中相应的各元素上去$(i = 2,3,\cdots,n)$,于是式(2-4)变为:

$$\begin{bmatrix} R_{11}^0 & R_{12}^0 & R_{13}^0 & \cdots & R_{1n}^0 \\ 0 & R_{22}^0 & R_{23}^0 & \cdots & R_{2n}^0 \\ 0 & R_{32}^0 & R_{33}^0 & \cdots & R_{3n}^0 \\ \vdots & \vdots & \vdots & \ddots & \vdots \\ 0 & R_{n2}^0 & R_{n3}^0 & \cdots & R_{nn}^0 \end{bmatrix} \begin{Bmatrix} x_1 \\ x_2 \\ x_3 \\ \vdots \\ x_n \end{Bmatrix} = \begin{Bmatrix} P_1^0 \\ P_2^0 \\ P_3^0 \\ \vdots \\ P_n^0 \end{Bmatrix}$$

且有:

$$\left. \begin{aligned} R_{ij}^1 &= R_{ij}^0 - \frac{R_{i1}^0}{R_{11}^0} R_{1j}^0 \\ P_i^1 &= P_i^0 - \frac{R_{i1}^0}{R_{11}^0} P_1^0 \end{aligned} \right\} \quad (i,j = 2,3,\cdots,n)$$

其中,上标"1"表示经过一次消元后的值(每增加一次消元就增值 1),用类似的方法将以

下各行进行消元,经过 $n-1$ 次消元过程,原方程组可化为以下形式:

$$\begin{bmatrix} R_{11}^0 & R_{12}^0 & R_{13}^0 & \cdots & R_{1n}^0 \\ 0 & R_{22}^1 & R_{23}^1 & \cdots & R_{2n}^1 \\ 0 & 0 & R_{33}^2 & \cdots & R_{3n}^2 \\ \vdots & \vdots & \vdots & \ddots & \vdots \\ 0 & 0 & 0 & \cdots & R_{nn}^{n-1} \end{bmatrix} \begin{Bmatrix} x_1 \\ x_2 \\ x_3 \\ \vdots \\ x_n \end{Bmatrix} = \begin{Bmatrix} P_1^0 \\ P_2^1 \\ P_3^2 \\ \vdots \\ P_n^{n-1} \end{Bmatrix} \tag{2-5}$$

其中第 k 次消元的代数运算可以表示为:

$$\left. \begin{aligned} R_{ij}^k &= R_{ij}^{k-1} - \frac{R_{ik}^{k-1}}{R_{kk}^{k-1}} R_{kj}^{k-1} \\ P_i^k &= P_i^{k-1} - \frac{R_{ik}^{k-1}}{R_k^{k-1}} P_k^{k-1} \end{aligned} \right\} \quad (k=1,2,\cdots,n-1;i,j=k+1,k+2,\cdots,n) \tag{2-6}$$

当 $[\boldsymbol{R}]$ 为对称矩阵时,式(2-6)可写为:

$$\left. \begin{aligned} R_{ij}^k &= R_{ij}^{k-1} - \frac{R_{ki}^{k-1}}{R_{kk}^{k-1}} R_{kj}^{k-1} \\ P_i^k &= P_i^{k-1} - \frac{R_{ki}^{k-1}}{R_{kk}^{k-1}} P_k^{k-1} \end{aligned} \right\} \quad (k=1,2,\cdots,n-1;i,j=k+1,k+2,\cdots,n) \tag{2-7}$$

消元过程完成后,可以很方便地由式(2-5)反求出未知数 $x_i(i=1,2,\cdots,n)$。注意在消元过程中,$[\boldsymbol{R}]$ 和 $\{\boldsymbol{P}\}$ 中的各元素每次消元以后的值仍然存在原来的位置,也就是说,式(2-5)在储存中的记录形式仍为:

$$\begin{bmatrix} R_{11} & R_{12} & R_{13} & \cdots & R_{1n} \\ 0 & R_{22} & R_{23} & \cdots & R_{2n} \\ 0 & 0 & R_{33} & \cdots & R_{3n} \\ \vdots & \vdots & \vdots & \ddots & \vdots \\ 0 & 0 & 0 & \cdots & R_{nn} \end{bmatrix} \begin{Bmatrix} x_1 \\ x_2 \\ x_3 \\ \vdots \\ x_n \end{Bmatrix} = \begin{Bmatrix} P_1 \\ P_2 \\ P_3 \\ \vdots \\ P_n \end{Bmatrix} \tag{2-8}$$

于是,由式(2-8)可得回代运算公式:

$$\left. \begin{aligned} x_n &= \frac{P_n}{R_{nn}} \\ x_i &= \left(P_i - \sum_{j=i+1}^n R_{ij}x_j \right) / R_{ii} \end{aligned} \right\} \tag{2-9}$$

式(2-6)[或式(2-7)]和式(2-9)即为直接高斯消去法的消元和回代计算公式。

由于结构矩阵分析中所得的总刚 $[\boldsymbol{R}]$ 为对称矩阵,故可由式(2-7)和式(2-9)给出子程序 gauss 的 PAD 设计,如图 2-26 所示,相应的程序段参见源程序。

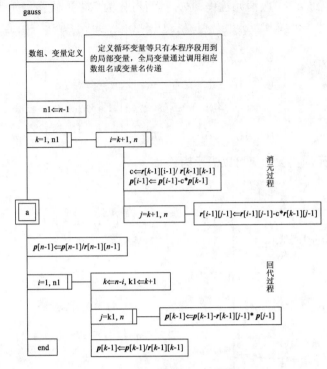

图 2-26　子程序 gauss 的 PAD 设计

第八节 ➤ 求单元最后杆端力{*F*}——子程序 nqm

在求出结构的所有结点位移(存于{*P*}中)后,进一步可以求出各单元在局部坐标系下的最后杆端。对于任意单元ⓔ,其最后杆端力的计算公式为:

$$\{\overline{F}\}^{\text{\textcircled{e}}} = [T][k]^{\text{\textcircled{e}}}\{\delta\}^{\text{\textcircled{e}}} + \{\overline{F}_F\}^{\text{\textcircled{e}}}$$

式中：　　$\{\delta\}^{\text{\textcircled{e}}}$——ⓔ单元在整体坐标系中的杆端位移向量;

$[T][K]^{\text{\textcircled{e}}}\{\delta\}^{\text{\textcircled{e}}}$——放松状态下局部坐标系中的单元杆端力;

$\{\overline{F}_F\}^{\text{\textcircled{e}}}$——固定状态下的单元固端力。

ⓔ单元最后杆端力的计算过程可按下述步骤进行:

(1)由子程序 trans 计算ⓔ单元的坐标转换矩阵[*T*]。

(2)由子程序 stiff 计算ⓔ单元的单元刚度矩阵[*k*]$^{\text{\textcircled{e}}}$,并存于[*C*]中。

(3)由子程序 locat 计算ⓔ单元的定位向量{*II*},并根据定位向量确定ⓔ单元的 6 个杆端位移分量:

$$\{\delta\}^{\text{\textcircled{e}}} = \begin{Bmatrix} \delta_1 \\ \delta_2 \\ \delta_3 \\ \delta_4 \\ \delta_5 \\ \delta_6 \end{Bmatrix}^{\text{\textcircled{e}}} = \begin{Bmatrix} P(\text{ii}[1]) \\ P(\text{ii}[2]) \\ P(\text{ii}[3]) \\ P(\text{ii}[4]) \\ P(\text{ii}[5]) \\ P(\text{ii}[6]) \end{Bmatrix}$$

程序中将 $\{\delta\}^{\textcircled{e}}$ 中的 6 个分量存于数组 dis[6]中。应该注意,当 $\{\delta\}^{\textcircled{e}}$ 中某一分量 δ_i 对应的总编号 ii[i] > n 时,即表示该分量方向上具有支承约束,故应取 $\delta_i = 0$。

(4)计算 $[T][k]^{\textcircled{e}}\{\delta\}^{\textcircled{e}}$,并存于 $\{F\}$ 中。

(5)判断 $\textcircled{e}$ 单元上是否有非结点荷载作用,即令 i 从 1 至 npe 循环,设 $k = \text{me}[i]$,若 $k \ne \textcircled{e}$,则继续循环;若 $k = \textcircled{e}$,则调用子程序 efix 计算该单元的固端力 $\{\overline{F}_F\}^{\textcircled{e}}$(存于 $\{F_F\}$ 中)。

(6)将 ff[6]与(4)中求出的 $\{F\}$ 相叠加(仍存于 $\{F\}$ 中),得最后杆端力。

(7)对单元号 $\textcircled{e}$(程序中为 ie)从 1 至 ne 循环,即可得到所有单元的最后杆端力。

由上面可知,子程序 nqm 的 PAD 设计如图 2-27 所示。相应的程序段参见源程序。

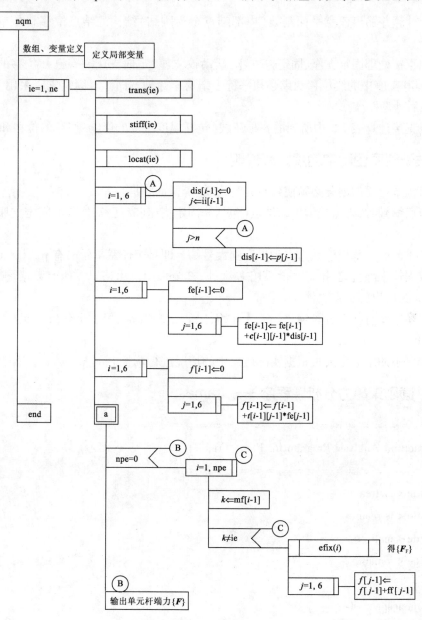

图 2-27　子程序 nqm 的 PAD 设计

第九节 ▶ 平面刚架的源程序及算例

根据以上各节的 PAD 设计,用 VC 语言编写了平面刚架静力分析源程序,程序名取为 frame。为了便于使用,下面把程序的功能和程序使用中的一些规定说明如下:

一、程序的功能

(1)能计算并输出任意平面刚架(内部结点全为刚结)结构的结点位移和各单元的杆端内力。

(2)能直接处理固定支座、固定铰支座、活动铰支座、定向支座和有已知位移的支座的支承条件。但其支座中的线位移约束必须平行于结构坐标轴方向。对固定支座采用"前处理",其余采用"后处理"。

(3)能直接计算表 2-3 中所列的 8 种荷载(包括温度改变的影响)引起的位移和内力。

二、关于程序使用中的规定和说明

(1)结构中单元的划分必须使各单元为均质、等截面直杆。

(2)结点编号时,必须先编可动结点(包括非固定支座和有已知位移的固定支座),后编不动结点。

(3)各单元的局部坐标系为由小号端到大号端。即对于任意单元 i,有 $jl[i] < jr[i]$。

(4)数据输入除抗拉、抗弯刚度采用 E 型外,其余采用自由格式。所有数据均在 fr. txt 中读入,fw. txt 为输出的结果文件。

(5)程序中所有数组分量编号均从 0 开始,比如数组 $jl[ne]$ 第一个分量为 $jl[0]$,最后一个分量为 $jl[ne-1]$。

(6)程序中的维数定义可根据实际应用中的情况进行调整。

三、平面刚架静力分析源程序—— frame

```
// = = = = = = = = = = = = = = = = = = = =
// Structural Analysis Program for Plane Frame
// = = = = = = = = = = = = = = = = = = = =
#include < iostream >
#include < fstream >
#include < math. h >
#include < iomanip >

using namespace std;
short nn,ne,nf,nd,ndf,npj,npe,n;
double al[50],t[6][6],x[40],y[40];
```

```
short jl[50],jr[50];
double ea[50],ei[50];
double c[6][6],r[120][120],p[120],pe[120];
short ibd[20],   ii[6];
double bd[20],   ff[6];
short mj[20],mf[30],ind[30];
double qj[20][3],f[6],dis[6];
double aq[30],bq[30],q1[30],q2[30];


void input1();
void wstiff();
void stiff(short ie);
void locat(short ie);
void load();
void eload();
void trans(short ie);
void efix(short i);
void bound();
void gauss();
void nqm();


ifstream fin("h:\mydata\fr.txt");
ofstream fout("h:\mydata\fw.txt");


//=========
//Main Program
//=========
void main ()
{
input1();
wstiff();
load();
bound();
gauss();
nqm();
cout <<"求解完毕,请到指定文件查看结果!";
```

```cpp
    fin. close( ) ;
    fout. close( ) ;
}
// = = = = = = = = = = = = = = = = =
//SUB - -1   Read And Print Initial Data
// = = = = = = = = = = = = = = = = =
void input1( )
{
    short inti, i, j, k ;
    double dx, dy ;


    fout << "Plane Frame Structural Analysis" << endl ;
    fout << " * * * * * * * * * * * * * * * * * * * * * * * * * *" << endl ;
    fout << "Input Data" << endl ;
    fout << " = = = = = = = = = = = = = = = = = = =" << endl ;
    fout << "Structural Control Data" << endl ;
    fout << " - - - - - - - - - - - - - - - - - - - - - - - - -" << endl ;
    fout << "nn" << setw(8) << "ne" << setw(8) << "nf" << setw(8) << "nd" << setw
(8) << "ndf" << setw(8) << "npj" << setw(8) << "npe" << setw(8) << "n" << endl ;
    fin >> nn >> ne >> nf >> nd >> ndf >> npj >> npe ;
    n = 3 * ( nn - nf ) ;
    fout << nn << setw(8) << ne << setw(8) << nf << setw(8) << nd << setw(8) << ndf <<
setw(8) << npj << setw(8) << npe << setw(8) << n << endl ;
    fout << endl ;
    fout << "Nodal Coordinates" << endl ;
    fout << " - - - - - - - - - - - - - - - - - - - - - - - - -" << endl ;
    fout << "Node" << setw(8) << "x" << setw(8) << "y" << endl ;
    i = nn ;
    for( inti = 1 ; inti < = i ; inti ++ )
    {
        fin >> inti >> x[ inti - 1 ] >> y[ inti - 1 ] ;
        fout << inti << setw(11) << x[ inti - 1 ] << setw(8) << y[ inti - 1 ] << endl ;
    }
    fout << endl ;
    fout << "Element Information" << endl ;
    fout << " - - - - - - - - - - - - - - - - - - - - - - - - -" << endl ;
    fout << "ELe. No. "
<< setw(8) << "jl" << setw(9) << "jr" << setw(12) << "ea" << setw(12) << "ei" << setw
```

```
(10) << "al" << endl;
        i = ne;
        for( inti = 1; inti < = i; inti ++ )
        {
            fin >> inti >> jl[ inti − 1 ] >> jr[ inti − 1 ] >> ea[ inti − 1 ] >> ei[ inti − 1 ];
        }
        for( inti = 1; inti < = i; inti ++ )
        {
            if ( jl[ inti − 1 ] > = jr[ inti − 1 ] ) break;
        }
        for( inti = 1; inti < = i; inti ++ )
        {
            j = jl[ inti − 1 ];
            k = jr[ inti − 1 ];
            dx = x[ k − 1 ] − x[ j − 1 ];
            dy = y[ k − 1 ] − y[ j − 1 ];
            al[ inti − 1 ] = sqrt( dx * dx + dy * dy );
            fout << inti << setw( 14 ) << jl[ inti − 1 ] << setw( 9 ) << jr[ inti − 1 ] << setw( 12 ) <<
ea[ inti − 1 ] << setw( 12 ) << ei[ inti − 1 ] << setw( 10 ) << al[ inti − 1 ] << endl;
        }
        fout << endl;
        k = npj;
        if ( k! = 0 )
    {
        fout << "Nodal Load" << endl;
        fout << " − − − − − − − − − − − − − − − − − − − − − − − − −" << endl;
        fout << "i" << setw( 8 ) << "mj" << setw( 8 ) << "xd" << setw( 8 ) << "yd" << setw
(8) << "md" << endl;
        for( inti = 1; inti < = k; inti ++ )
        {
            fin >> inti >> mj[ inti − 1 ] >> qj[ inti − 1 ][ 0 ] >> qj[ inti − 1 ][ 1 ] >> qj[ inti − 1 ]
[2];
            fout << inti << setw( 8 ) << mj[ inti − 1 ] << setw( 8 ) << qj[ inti − 1 ][ 0 ] << setw
(8) << qj[ inti − 1 ][ 1 ] << setw( 8 ) << qj[ inti − 1 ][ 2 ] << endl;
        }
    }
        fout << endl;
        i = npe;
        if ( i! = 0 )
```

```
        }
        fout << "Element Loads" << endl;
        fout << " - - - - - - - - - - - - - - - - - - - - - - - - - - - - " << endl;
        fout << "i" << setw(8) << "mf" << setw(8) << "ind" << setw(8) << "aq" << setw
(8) << "bq" << setw(8) << "q1" << setw(8) << "q2" << endl;
        for(inti = 1; inti < = i; inti ++ )
        {
            fin >> inti >> mf[inti - 1] >> ind[inti - 1] >> aq[inti - 1] >> bq[inti - 1] >> q1
[inti - 1] >> q2[inti - 1];
            fout << inti << setw(8) << mf[inti - 1] << setw(8) << ind[inti - 1] << setw(8)
<< aq[inti - 1] << setw(8) << bq[inti - 1] << setw(8) << q1[inti - 1] << setw(8) << q2[inti
- 1] << endl;
        }
    }
    fout << endl;
    j = ndf;
    if (j! = 0)
    {
        fout << "Boundary Conditions" << endl;
        fout << " - - - - - - - - - - - - - - - - - - - - - - - - - - - - " << endl;
        fout << "i" << setw(8) << "ibd" << setw(8) << "bd" << endl;
        for(inti = 1; inti < = j; inti ++ )
        {
            fin >> inti >> ibd[inti - 1] >> bd[inti - 1];
            fout << inti << setw(8) << ibd[inti - 1] << setw(8) << bd[inti - 1] << endl;
        }
    }
}
// = = = = = = = = = = = = = = = = = = = = = = = = = =
//SUB - -2   Assemble Structural Stiffness Matrix {R}
// = = = = = = = = = = = = = = = = = = = = = = = = = =
void wstiff( )
{
    short i,j,ie,k1,k2;

    for(i = 1; i < = n; i ++ )
    {
        for(j = 1; j < = n; j ++ )
        {
```

```
                r[ i - 1 ][ j - 1 ] = 0;
            }
        }
        ie = 1;
        while ( ie < = ne )
        {
            stiff ( ie );
            locat( ie );
            for( k1 = 1; k1 < = 6; k1 ++ )
            {
                i = ii[ k1 - 1 ];
                if ( i < = n )
                {
                    for( k2 = k1; k2 < = 6; k2 ++ )
                    {
                        j = ii[ k2 - 1 ];
                        if ( j < = n )
                        {
                            r[ i - 1 ][ j - 1 ] + = c[ k1 - 1 ][ k2 - 1 ];
                        }
                    }
                }
            }
            ie + = 1;
        }
        for( i = 2; i < = n; i ++ )
    {
            for( j = 1; j < = ( i - 1 ); j ++ )
            {
                r[ i - 1 ][ j - 1 ] = r[ j - 1 ][ i - 1 ];
            }
        }
    }
// = = = = = = = = = = = = = = = = = = = = = = = = = = = = = = = = = =
//SUB - - 3   Set Up Stiffness Matrix[ C ] ( Global Coordinate System )
// = = = = = = = = = = = = = = = = = = = = = = = = = = = = = = = = = =
void stiff( short ie )
{
    short i, j;
```

```
double cx,cy,b1,b2,b3,b4;
double s1,s2,s3,s4,s5,s6;


i = jl[ie - 1];
j = jr[ie - 1];
cx = (x[j - 1] - x[i - 1])/al[ie - 1];
cy = (y[j - 1] - y[i - 1])/al[ie - 1];
b1 = ea[ie - 1]/al[ie - 1];
b2 = 12 * ei[ie - 1]/pow(al[ie - 1],3);
b3 = 6 * ei[ie - 1]/pow(al[ie - 1],2);
b4 = 2 * ei[ie - 1]/al[ie - 1];
s1 = b1 * pow(cx,2) + b2 * pow(cy,2);
s2 = (b1 - b2) * cx * cy;
s3 = b3 * cy;
s4 = b1 * pow(cy,2) + b2 * pow(cx,2);
s5 = b3 * cx;
s6 = b4;
c[0][0] = s1;
c[0][1] = s2;
c[0][2] = s3;
c[0][3] = -s1;
c[0][4] = -s2;
c[0][5] = s3;
c[1][1] = s4;
c[1][2] = -s5;
c[1][3] = -s2;
c[1][4] = -s4;
c[1][5] = -s5;
c[2][2] = 2 * s6;
c[2][3] = -s3;
c[2][4] = s5;
c[2][5] = s6;
c[3][3] = s1;
c[3][4] = s2;
c[3][5] = -s3;
c[4][4] = s4;
c[4][5] = s5;
c[5][5] = 2 * s6;
for(i = 2;i < =6;i ++ )
```

```
     {
        for( j = 1 ; j < = ( i - 1 ) ; j ++ )
        {
            c[ i - 1 ][ j - 1 ] = c[ j - 1 ][ i - 1 ];
        }
     }
}
// = = = = = = = = = = = = = = = = = = = = = = =
//SUB - -4   Set Up Element Location Vector{II}
// = = = = = = = = = = = = = = = = = = = = = = =
void locat( short ie )
{
    short i , j ;

    i = jl[ ie - 1 ];
    j = jr[ ie - 1 ];
    ii[ 0 ] = 3 * i - 2 ;
    ii[ 1 ] = 3 * i - 1 ;
    ii[ 2 ] = 3 * i ;
    ii[ 3 ] = 3 * j - 2 ;
    ii[ 4 ] = 3 * j - 1 ;
    ii[ 5 ] = 3 * j ;

}


// = = = = = = = = = = = = = = = = = = = = = = =
//SUB - -5   Set Up Total Nodal Load Vector{P}
// = = = = = = = = = = = = = = = = = = = = = = =
void load( )
{
    short i , k ;
    i = 1 ;
    while ( i < = n )
    {
      p[ i - 1 ] = 0 ;
      i + = 1 ;
    }
    if ( npj > 0 )
{
for( i = 1 ; i < = npj ; i ++ )
```

```
        {
            k = mj[i - 1];
            p[3 * k - 2 - 1] = qj[i - 1][0];
            p[3 * k - 1 - 1] = qj[i - 1][1];
            p[3 * k - 1] = qj[i - 1][2];
        }
    }

    if(npe! = 0)
    {
        eload();
        i = 1;
        while(i < = n)
        {
            p[i - 1] + = pe[i - 1];
            i + = 1;
        }
    }
}
// = = = = = = = = = = = = = = = = = = = = = = = = =
//SUB - -6   Set Up Element Effective Nodal Load
// = = = = = = = = = = = = = = = = = = = = = = = = =
void eload()
{
    short i,j,k,k1,k2,k3;

    i = 1;
    while(i < = n)
    {
        pe[i - 1] = 0;
        i + = 1;
    }
    j = 1;
    while(j < = npe)
    {
        k = mf[j - 1];
        trans(k);
        locat(k);
        efix(j);
        for(k1 = 1;k1 < = 6;k1 ++ )
```

```
        {
            f[k1 - 1] = 0. ;
            for(k2 = 1;k2 < =6;k2 ++ )
            {
                f[k1 - 1] + = t[k2 - 1][k1 - 1] * ff[k2 - 1];
            }
        }
        for(k3 = 1;k3 < =6;k3 ++ )
        {
            i = ii[k3 - 1];
            if (i < =n)
            {
                pe[i - 1] - = f[k3 - 1];
            }
        }
        j + = 1;
    }
}
// = = = = = = = = = = = = = = = = = = = = = = = =
//SUB - -7    Set Up Fixed - End Force of Element
// = = = = = = = = = = = = = = = = = = = = = = = =
void efix(short i)
{
    short j,k;
    double sl,a,b,p1,p2;
    double b1,b2,b3,c1,c2,c3;
    double d1,d2;

    for(j = 1;j < =6;j ++ )
    {
        ff[j - 1] = 0;
    }
    k = mf[i - 1];
    sl = al[k - 1];
    a = aq[i - 1];
    b = bq[i - 1];
    p1 = q1[i - 1];
    p2 = q2[i - 1];
    b1 = sl - (a + b)/2;
```

```
        b2 = b - a;
        b3 = (a + b)/2;
        c1 = sl - (2 * b + a)/3;
        c2 = b2;
        c3 = (2 * b + a)/3;
        d1 = pow(b,3) - pow(a,3);
        d2 = b * b - a * a;
        switch (ind[i - 1])
        {
          case 1:
          {
            ff[1] = - p1 * pow((sl - a),2) * (1 + 2 * a/sl)/pow(sl,2);
            ff[2] = p1 * a * pow((sl - a),2)/pow(sl,2);
            ff[4] = - p1 - ff[2 - 1];
            ff[5] = - p1 * pow(a,2) * (sl - a)/pow(sl,2);
            break;
          }
          case 2:
          {
            ff[1] = - p1 * b2 * (12 * pow(b1,2) * sl - 8 * pow(b1,3) + pow(b2,2) * sl -
2. * b1 * pow(b2,2))/(4. * pow(sl,3));
            ff[2] = p1 * b2 * (12 * b3 * pow(b1,2) - 3 * b1 * pow(b2,2) + pow(b2,2) *
sl)/12./pow(sl,2);
            ff[4] = - p1 * b2 - ff[2 - 1];
            ff[5] = - p1 * b2 * (12 * pow(b3,2) * b1 + 3 * b1 * pow(b2,2) - 2 * pow(b2,
2) * sl)/12/pow(sl,2);
            break;
          }
          case 3:
          {
            ff[1] = - p2 * c2 * (18 * pow(c1,2) * sl - 12 * pow(c1,3) + pow(c2,2) * sl - 2
 * c1 * pow(c2,2) - 4 * pow(c2,3)/45)/12/pow(sl,3);
            ff[2] = p2 * c2 * (18 * c3 * pow(c1,2) - 3 * c1 * pow(c2,2) + pow(c2,2) * sl -
2 * pow(c2,3)/15)/36/pow(sl,2);
            ff[4] = - 0.5 * p2 * c2 - ff[2 - 1];
            ff[5] = - p2 * c2 * (18 * pow(c3,2) * c1 + 3 * c1 * pow(c2,2) - 2 * pow(c2,2)
 * sl + 2 * pow(c2,3)/15)/36/pow(sl,2);
            break;
          }
```

```
    case 4:
    {
      ff[1] = -6. * p1 * a * (sl - a)/pow(sl,3);
      ff[2] = p1 * (sl - a) * (3 * a - sl)/pow(sl,2);
      ff[4] = -ff[2 - 1];
      ff[5] = p1 * a * (2 * sl - 3 * a)/pow(sl,2);
      break;
    }
    case 5:
    {
      ff[1] = -p1 * (3 * sl * d2 - 2 * d1)/pow(sl,3);
      ff[2] = p1 * (2 * d2 + (b - a) * sl - d1/sl)/sl;
      ff[4] = -ff[2 - 1];
      ff[5] = p1 * (d2 - d1/sl)/sl;
      break;
    }
    case 6:
    {
      ff[0] = -p1 * (1 - a/sl);
      ff[3] = -p1 * a/sl;
      break;
    }
    case 7:
    {
      ff[0] = -p1 * (b - a) * (1 - (b + a)/(2 * sl));
      ff[3] = -p1 * d2/2/sl;
      break;
    }
    case 8:
    {
      ff[2] = -a * (p1 - p2) * ei[k - 1]/b;
      ff[5] = -ff[3 - 1];
      break;
    }
  }
}
// = = = = = = = = = = = = = = = = = = = = = =
//SUB - -8   Set Up Coordinate Transfer Matrix[T]
// = = = = = = = = = = = = = = = = = = = = = = =
```

```c
void trans(short ie)
{
    short i,j;
    double cx,cy;

    i = jl[ie - 1];
    j = jr[ie - 1];
    cx = (x[j - 1] - x[i - 1])/al[ie - 1];
    cy = (y[j - 1] - y[i - 1])/al[ie - 1];
    for(i = 1;i < = 6;i ++ )
    {
        for(j = 1;j < = 6;j ++ )
        {
            t[i - 1][j - 1] = 0. ;
        }
    }
    for(i = 1;i < = 4;i + = 3)
    {
        t[i - 1][i - 1] = cx;
        t[i - 1][i] = cy;
        t[i ][i - 1] = - cy;
        t[i ][i ] = cx;
        t[i + 1][i + 1] = 1. ;
    }
}
// = = = = = = = = = = = = = = = = = = =
//SUB - - 9   Introduce Support Conditions
// = = = = = = = = = = = = = = = = = = = =
void bound( )
{
    short i,k;
    double a;

    if ( ndf!  = 0)
    {
        a = 1E + 20;
        for(i = 1;i < = ndf;i ++ )
        {
            k = ibd[i - 1];
```

```
                r[ k - 1 ][ k - 1 ] = a;
                p[ k - 1 ] = a * bd[ i - 1 ];
            }
        }
    }

// = = = = = = = = = = = = = = = = = = = = =
//SUB - - 10   Solve Equilibrium Equations
// = = = = = = = = = = = = = = = = = = = = =
void gauss( )
{
    short i,j,k,k1,n1;
    double c;

    n1 = n - 1;
    for( k = 1;k < = n1;k ++ )
    {
        k1 = k + 1;
        for( i = k1;i < = n;i ++ )
        {
            c = r[ k - 1 ][ i - 1 ]/r[ k - 1 ][ k - 1 ];
            p[ i - 1 ] + = - p[ k - 1 ] * c;
            for( j = k1;j < = n;j ++ )
            {
                r[ i - 1 ][ j - 1 ] + = - r[ k - 1 ][ j - 1 ] * c;
            }
        }
    }
    p[ n - 1 ]/ = r[ n - 1 ][ n - 1 ];
    for( i = 1;i < = n1;i ++ )
    {
        k = n - i;
        k1 = k + 1;
        for( j = k1;j < = n;j ++ )
        {
            p[ k - 1 ] + = - r[ k - 1 ][ j - 1 ] * p[ j - 1 ];
        }
        p[ k - 1 ]/ = r[ k - 1 ][ k - 1 ];
    }
    for( k = 1;k < = ne;k ++ )
```

80 结构矩阵分析与程序设计

```cpp
        {
          locat(k);
          for(k1 = 1;k1 < =6;k1 ++ )
          {
            i = ii[k1 -1];
            if (i > n)
            {
              p[i -1] =0;
            }
          }
        }
        fout << endl;
      fout << "Output Data" << endl;
      fout << " = = = = = = = = = = = = = = = = = = =" << endl;
        fout << endl;
        fout << "nodal displacement" << endl;
    fout << " - - - - - - - - - - - - - - - - - - - - - - - - - - - - - - - - - - - - -
 - " << endl;
        fout << "Node No. " << setw(13) << "u" << setw(20) << "v" << setw(20) << "fai"
 << endl;
        for(i = 1;i < = nn;i ++ )
        {
    fout << i << setw(20) << p[3 * i -2 -1] << setw(20) << p[3 * i -1 -1] << setw(20) <
 < p[3 * i -1] << endl;
        }
    }
    // = = = = = = = = = = = = = = = = = = = = = = = = =
    //SUB - -11   Calculate Member - End Forces of Elements
    // = = = = = = = = = = = = = = = = = = = = = = = = =
    void nqm( )
    {
        short i,j,ie,k;
        double fe[6];

        fout << endl;
      fout << "Element No. & Menber - End Force:" << endl;
        fout << " - - - - - - - - - - - - - - - - - - - - - - - - - - - - - - - -
 - - - - - - - - - - - - - - - - - - - - - - - - -" << endl;
        fout << endl;
```

```
    fout << "Ele

No. " << setw(8) << "n(1)" << setw(14) << "q(1)" << setw(15) << "m(1)" << setw
(15) << "n(r)" << setw(15) << "q(r)" << setw(15) << "m(r)" << endl;
        ie = 1;
        while ( ie < = ne)
        {
            trans(ie);
            stiff(ie);
            locat(ie);
            for(i = 1;i < = 6;i ++ )
            {
                dis[i - 1] = 0;
                j = ii[i - 1];
                if ( j < = n)
                {
                    dis[i - 1] = p[j - 1];
                }
            }
            for(i = 1;i < = 6;i ++ )
            {
                fe[i - 1] = 0;
                for(j = 1;j < = 6;j ++ )
                {
                    fe[i - 1] + = c[i - 1][j - 1] * dis[j - 1];
                }
            }
            for(i = 1;i < = 6;i ++ )
            {
                f[i - 1] = 0;
                for(j = 1;j < = 6;j ++ )
                {
                    f[i - 1] + = t[i - 1][j - 1] * fe[j - 1];
                }
            }
            if ( npe! = 0)
            {
                i = 1;
                while ( i < = npe)
                {
```

```
                    k = mf[ i - 1 ];
                    if ( k = = ie )
                    {
                        efix( i );
                        for( j = 1 ;j < = 6 ;j ++ )
                        {
                            f[ j - 1 ] + = ff[ j - 1 ];
                        }
                    }
                    i + = 1 ;
                }
            }
```

fout << ie << setw(15) << f[0] << setw(15) << f[1] << setw(15) << f[2] << setw(15) << f[3] << setw(15) << f[4] << setw(15) << f[5] << endl ;

```
            ie + = 1 ;
        }
    }
```

四、上机算例

例 2-1   用程序 frame 计算图 2-28 所示刚架的内力,并与例 1-4 的结果比较。已知各杆 $E = 2 \times 10^8 \mathrm{kN/m}^2$, $I = 32 \times 10^{-5} \mathrm{m}^4$, $A = 1.0 \times 10^{-2} \mathrm{m}^2$。

解:(1)数据准备与输入。

对结构的结点、单元编号,并取结构坐标系如图 2-28 所示。根据程序中数据输入的顺序 (子程序 input1 中的 fin 语句)进行数据准备和输入(单位:kN;m)。

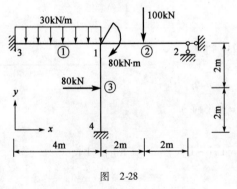

图 2-28

①控制数据:nn,nf,nd,ndf,ne,npj,npe。其中

结点总数   nn = 4

固定支座总数   nf = 2

可动支座总数   nd = 1

可动支座中的约束总数   ndf = 2

单元总数 ne = 3

有直接结点荷载的结点数 npj = 1

有非结点荷载作用的单元数 npe = 3

②结点坐标。

结点号 i	1	2	3	4
坐标 $x[i]$ 值	4.0	8.0	0.0	4.0
坐标 $y[i]$ 值	4.0	4.0	4.0	0.0

③各单元始末端结点号及 EA、EI 值。

单元号 i	1	2	3
始端号 jl[i]	1	1	1
末端号 jr[i]	3	2	4
抗拉刚度 ea[i]	2.0×10^6	2.0×10^6	2.0×10^6
抗弯刚度 ei[i]	6.4×10^4	6.4×10^4	6.4×10^4

④直接结点荷载。

编号 i	结点号 mj[i]	X_D q j[i][1]	Y_D q j[i][2]	M_D q j[i][3]
1	1	0.0	0.0	80.0

⑤非结点荷载。

编号 i	单元号 mf[i]	荷载类型 ind[i]	a aq[i]	b bq[i]	q_1 q1[i]	q_2 q2[i]
1	1	2	0.0	4.0	30.0	30.0
2	2	1	2.0	0.0	−100.0	0.0
3	3	1	2.0	0.0	80.0	0.0

⑥可动支座中的约束条件。

编号 i	位移分量号 ibd[i]	位移值 bd[i]
1	4	0.0
2	5	0.0

根据上面的准备,在数据文件 fr.txt 中将其输入,其填写格式如下:

```
4 3 2 1 2 1 3
1 4.0 4.0
2 8.0 4.0
3 0.0 4.0
4 4.0 0.0
1 1 3 2.0e6 6.4e4
2 1 2 2.0e6 6.4e4
```

```
3   1   4   2.0e6   6.4e4
1   1   0.0   0.0   80.0
1   1   2   0.0   4.0   30.0   30.0
2   2   1   2.0   0.0   -100.0   0.0
3   3   1   2.0   0.0   80.0   0.0
1   4   0.0
2   5   0.0
```

（2）结果输出。

程序运行后得到结果文件 fw. txt，打印如下：

Plane Frame Structural Analysis

* *

Input Data

= = = = = = = = = = = = = = = =

Structural Control Data

– –

nn	ne	nf	nd	ndf	npj	npe	n
4	3	2	1	2	1	3	6

Nodal Coordinates

– –

Node	x	y
1	4	4
2	8	4
3	0	4
4	4	0

Element Information

– –

ELe. No.	jl	jr	ea	ei	al
1	1	3	2e +006	64000	4
2	1	2	2e +006	64000	4
3	1	4	2e +006	64000	4

Nodal Load

– –

i	mj	xd	yd	md
1	1	0	0	80

Element Loads

– –

i	mf	ind	aq	bq	q1	q2

1	1	2	0	4	30	30
2	2	1	2	0	−100	0
3	3	1	2	0	80	0

Boundary Conditions

- -

i	ibd	bd
1	4	0
2	5	0

Output Data

= = = = = = = = = = = = = = = = = =

nodal displacement

- -

Node No.	u	v	fai
1	5.02153e−005	−0.000260503	0.000450745
2	2.51077e−019	1.25595e−019	−0.00110431
3	0	0	0
4	0	0	0

Element No. & Menber − End Force：

- -

Ele No.	n(l)	q(l)	m(l)	n(r)	q(r)	m(r)
1	−25.1077	−67.6919	62.5956	25.1077	−52.3081	−31.8282
2	25.1077	62.5595	−50.2382	−25.1077	37.4405	−2.13163e−014
3	130.251	−50.2153	67.6425	−130.251	−29.7847	−26.7813

（3）按照 fw. txt 中的结果，可以绘出各内力图（图 2-29）。在绘图中仍规定：弯矩图绘在受拉侧；轴力以拉力为正；剪力以绕着隔离体顺时针为正（下同）。

把图 2-29 与图 1-14 所示结果相比较可知，考虑与不考虑轴向变形的影响，对内力的结果影响不大。例如结构中最大弯矩（单元②跨中截面）的相对误差仅为 3.6%，可以满足工程误差要求。因此，对于梁和刚架而言，可以忽略轴向变形的影响。

例 2-2 用程序 frame 计算图 2-30 所示刚架的内力。已知各单元 $E = 3.2 \times 10^7 \text{kN/m}^2$；横梁 $I = 0.02312 \text{m}^4$，$A = 0.350 \text{m}^2$；立柱 $I = 0.0055 \text{m}^4$，$A = 0.305 \text{m}^2$。

解：（1）数据的准备与输入（单位：kN；m）。

① 控制数据。对单元、结点编号，并取结构坐标系如图 2-30 所示，控制数据如下表：

nn	nf	nd	ndf.	ne	npj	npe
7	3	1	2	6	3	5

注意：因为单元①上的荷载不在表 2-3 所列荷载之中，但它可以进行如下分解，见图 2-31。

即单元①上的荷载可分为两种荷载的叠加；单元②同理，再加上单元④的非结点荷载，所以共有 npe = 5。

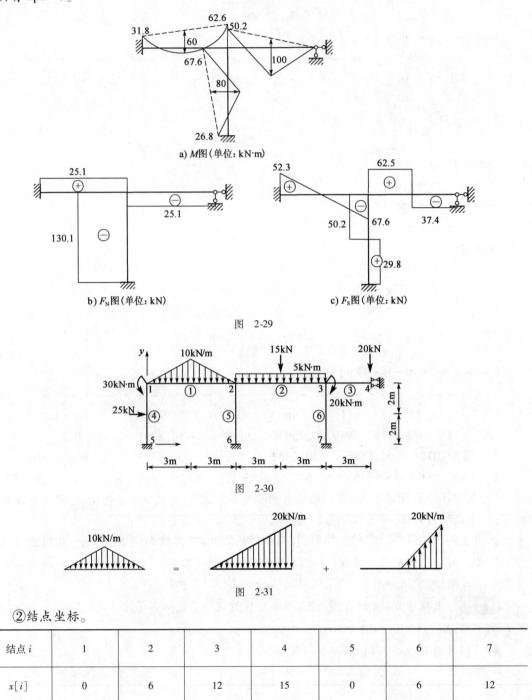

a) M图（单位：kN·m）

b) F_N图（单位：kN）

c) F_S图（单位：kN）

图 2-29

图 2-30

图 2-31

②结点坐标。

结点 i	1	2	3	4	5	6	7
$x[i]$	0	6	12	15	0	6	12
$y[i]$	4	4	4	4	0	0	0

③各单元始、末端结点号及 EA、EI 值。

单元号 i	1	2	3	4	5	6
始端号 jl[i]	1	2	3	1	2	3
末端号 jr[i]	2	3	4	5	6	7
抗拉刚度 ea[i]	1.12×10^7	1.12×10^7	1.12×10^7	0.976×10^7	0.976×10^7	0.976×10^7
抗弯刚度 ei[i]	6.784×10^5	6.784×10^5	6.784×10^5	1.76×10^5	1.76×10^5	1.76×10^5

④直接结点荷载。

编号 i	结点号 mj[i]	X_D q j[i][1]	Y_D q j[i][2]	M_D q j[i][3]
1	1	0	0	-30
2	3	0	0	20
3	4	0	-20	0

注：与结点4约束方向对应的结点荷载分量输入零值。

⑤非结点荷载。

根据①中的分析,此结构共有 npe = 5,进行统一编号后各数据如下表：

编号 i	单元号 mf[i]	荷载类型 ind[i]	a aq[i]	b bq[i]	q_1 q1[i]	q_2 q2[i]
1	1	3	0	6.0	0.0	-20.0
2	1	3	3.0	6.0	0.0	$+20.0$
3	2	1	3.0	0.0	-15.0	0.0
4	2	2	0.0	6.0	-5.0	-5.0
5	4	1	2.0	0.0	$+25.0$	0.0

⑥可动支座中的约束条件。

编号 i	位移分量号 ibd[i]	位移值 bd[i]
1	10	0.0
2	12	0.0

将上述矩阵按照程序中读入的顺序,在数据文件 fr. txt 中输入,其输入格式如下：

```
7 6 3 1 2 3 5
1 0 4
2 6 4
3 12 4
4 15 4
5 0 0
6 6 0
7 12 0
1 1 2   11200000   678400
2 2 3   11200000   678400
3 3 4   11200000   678400
```

4 1 5 9760000 176000
5 2 6 9760000 176000
6 3 7 9760000 176000
1 1 0 0 −30
2 3 0 0 20
3 4 0 −20 0
1 1 2 0 6 0 −20
2 3 3 6 0 20
3 2 1 3 0 −15 0
4 2 2 0 6 −5 −5
5 4 1 2 0 25 0
1 10 0
2 12 0

（2）输出结果在 fw. txt 中给出如下：

Plane Frame Structural Analysis

* *

Input Data

= = = = = = = = = = = = = = = =

Structural Control Data

- -

nn	ne	nf	nd	ndf	npj	npe	n
7	6	3	1	2	3	5	12

Nodal Coordinates

- -

Node	x	y
1	0	4
2	6	4
3	12	4
4	15	4
5	0	0
6	6	0
7	12	0

Element Information

- -

ELe. No.	jl	jr	ea	ei	al
1	1	2	1.12e+007	678400	6
2	2	3	1.12e+007	678400	6
3	3	4	1.12e+007	678400	3
4	1	5	9.76e+006	176000	4

| 5 | | 2 | 6 | 9.76e+006 | 176000 | 4 |
| 6 | | 3 | 7 | 9.76e+006 | 176000 | 4 |

Nodal Load

- -

i	mj	xd	yd	md
1	1	0	0	-30
2	3	0	0	20
3	4	0	-20	0

Element Loads

- -

i	mf	ind	aq	bq	q1	q2
1	1	2	0	6	0	-20
2	1	3	3	6	0	20
3	2	1	3	0	-15	0
4	2	2	0	6	-5	-5
5	4	1	2	0	25	0

Boundary Conditions

- -

i	ibd	bd
1	10	0
2	12	0

Output Data

= = = = = = = = = = = = = = = = = =

nodal displacement

- -

Node No.	u	v	fai
1	1.08526e-005	-4.1035e-007	-9.7715e-005
2	7.80295e-006	6.57429e-006	5.99984e-005
3	2.76988e-006	-2.05082e-005	1.57155e-005
4	1.03409e-019	-0.000110414	3.35538e-019
5	0	0	0
6	0	0	0
7	0	0	0

Element No. & Menber-End Force：

- -

- - - - - - - - - - - - - - - - - - -

Ele No.	n(1)	q(1)	m(1)	n(r)	q(r)	m(r)
1	5.69267	1.00125	-24.5859	-5.69267	-31.0013	-11.4216

2	9.39507	14.96	1.37692	-9.39507	30.04	43.8631
3	10.3409	20	-26.4462	-10.3409	-20	-33.5538
4	1.00125	-5.69267	-5.41411	-1.00125	-19.3073	-21.8152
5	-16.0413	-3.70239	10.0447	16.0413	3.70239	4.76486
6	50.04	-0.945816	2.58311	-50.04	0.945816	1.20015

第十节 ≫ 程序的灵活应用与扩展

一、程序的灵活应用

上一节对所编的平面刚架静力分析的源程序的功能以及使用中的规定和要求给予了说明。在实际应用中,有些结构表面看起来不满足程序使用的要求,但是经过一定简化的处理后即可直接使用本程序。而这种简化处理通常可以满足工程中的误差要求。下面给予说明:

1.铰接排架的计算

工厂中的单层厂房常常简化为排架结构(图2-32)。

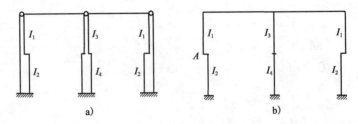

图 2-32

其中屋面体系简化为不可压缩的链杆,立柱为变截面杆件。对于立柱可以这样处理:若上下段的轴线相距不大时,可以把上下两段看成是截面不等的共线杆件[如图2-32b)的中间立柱],将该杆划分为两个单元;若上下段的轴线相距较大时,由偏心引起的立柱的弯曲将不能忽略,这时,可以在上下段连续处增加一根水平杆件[如图2-32b)中的A、B杆],该杆的长度为上下段的轴间距,而EA、EI值取为很大的值(以使计算机不溢出为准),这样,该立柱将划分为三个单元。对于水平链杆可以这样处理:把铰接点改为刚结点,取EA为很大的值(如1.0×10^{20}),取EI为很小的值(如1.0×10^{-20})。通过上述处理得到的结构[图2-23b)],即可直接应用本章的程序计算。

2.拱形结构的计算

拱形结构(如图2-33所示的无铰拱)的特点:一是杆轴为曲线,二是通常为变截面。可以把拱轴划分为许多小的单元,对于每一单元,均假设为等截面直杆。这样就可以直接利用本章程序计算。显然,单元划分愈多,计算结果就愈精确。

3.对称性的利用

对称结构受正对称荷载或反对称荷载作用,可以直接利用对称性取半边结构计算。由于半边结构的结点数比原结构少很多,因此不仅节省大量数据准备工作,而且提高了计算速度。

对于对称结构在一般荷载作用下的计算,也可以将荷载分成正、反对称两组,取半边结构进行计算后再叠加到一起。由于本程序没有把不同荷载工况的计算结果进行叠加的功能,因此不能直接应用(稍作改动即可)。

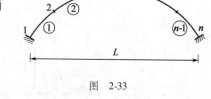

图 2-33

二、程序的扩展

1.同时计算多种荷载工况

在程序中增加控制荷载工况数的变量 nld,把数组 p [n]、pe[n]改为 $p[n][nld]$、$pe[n][nld]$。对荷载工况进行循环($i=1,nld$),形成各种荷载工况的直接结点荷载向量、等效结点荷载向量,最后得到综合结点荷载向量,并将其存在 $p[n]$ [nld]中。由于荷载工况不影响结构总刚,因此总刚的组集同前。于是得到结构刚度方程为:

$$[R]_{n \times n}[\Delta]_{n \times nld} = [P]_{n \times nld}$$

对该方程引入支承条件后,即可求解(高斯消去法应换成能处理右端向量为 nld 个的相应程序,见程序汇编书或第四章中连续梁的程序)。

2.增加处理弹性支座的功能

在程序中增加记录弹性支承情况的信息,按照第一章第八节中所述的方法把总刚中的某些主元素进行改动,即可引入弹性支承条件。

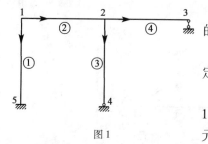

图 1

2-1　能否规定单元的局部坐标系的$\bar{x}$轴为由两端结点的大号端指向小号端? 为什么?

2-2　对图 1 所示结构的结点位移分量进行编号,并确定单元③的定位向量。

2-3　若用“前后处理结合法”引入支承条件,试确定图 1 所示结构的总刚阶数以及结构中单元①、③的单刚中的各元素在总刚[R]中的位置。

2-4　在子程序 wstiff 中,若不是利用对称性先形成总刚的上三角,再形成总刚的下三角,而是直接形成方阵形成的总刚,该程序应做哪些改动?

2-5　试按照表 2-3 所示的荷载类型,对图 2 所示结构的非结点荷载进行统一编号,并确定相应的 ind、a、b、q_1、q_2 值。

2-6　在子程序 eload 中,为什么在调用子程序 efix 时哑元为 i,而 trans、locat 中的哑元却为 k?

2-7　若对所有支座条件均采用“后处理”,能否直接由本章程序计算?

2-8　试填写计算图 3 所示刚架的原始数据,并打印出结果。已知各杆 $E=3.0 \times 10^7 kN/m^2$;横梁 $A_1=0.35 m^2$,$I_1=0.04 m^4$;立柱 $A_2=0.24 m^2$,$I_2=0.01 m^4$。

2-9　试完成图 4 所示结构原始数据的填写,打印出结果,并绘内力图。已知各杆 $EA=4.2 \times 10^6 kN$,$EI=5.5 \times 10^4 kN \cdot m^2$。

*2-10　按照第十节中所述的方法,完成以下程序扩展:

(1)同时计算多种荷载工况。

(2)处理弹性支座。

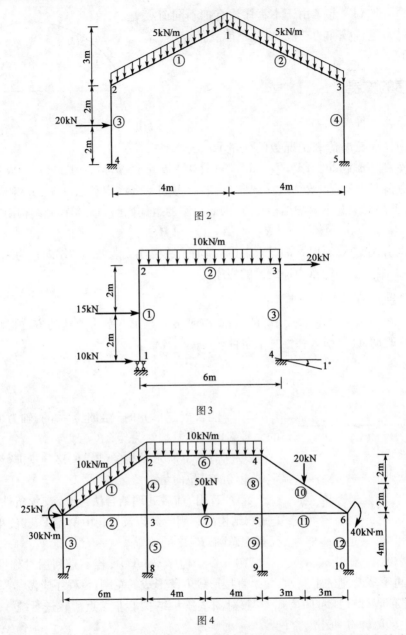

图 2

图 3

图 4

*2-11 参照第三章平面桁架的程序设计,将平面刚架的总刚采用等带宽储存。试推出求等带宽、引入支承条件、求解方程等相应的公式,并编出计算程序。

第三章
平面桁架静力分析的程序设计

第一节 > 概　　述

用矩阵位移法分析平面桁架与分析平面刚架的基本原理是相同的,即先进行单元分析,建立单元刚度矩阵和刚度方程;然后根据平衡条件和变形连续条件进行整体分析,建立结构刚度矩阵和刚度方程;最后求解结构刚度方程得结点位移,进而求得各单元杆端力。

桁架与刚架的不同点在于:桁架结构的结点均为铰接点;平面桁架结构的每个结点只有u、v两个位移分量;桁架结构只受结点荷载作用,每根杆件的内力只有轴力。

由于桁架结构与刚架结构的分析原理相同,因此,对两者的程序设计过程也基本相同,即先进行模块划分,给出程序结构的 PAD 设计;最后编写计算程序。本章所采用的模块划分与上一章大致相同,只是与刚架分析相比,减少了与非结点荷载有关的程序段(如 efix、eload),荷载向量直接由结点荷载形成。对于与刚架分析相近的程序段,叙述中尽量简略。

与刚架的程序设计相比,本章增加了以下新内容:

(1)为了节省计算机内存,对结构刚度矩阵[R]采用"等带宽储存"(见本章第四节)。

(2)对等带宽储存的刚度方程引入支承条件。

(3)采用等带宽高斯消元法解刚度方程。

第二节 > 平面桁架计算的主要标识符和程序结构

一、数组和变量标识符说明

平面桁架计算的数据结构,仍可分为整型类和实型类。为了便于阅读,本章凡与刚架中意义相同的变量或数组,仍以刚架分析程序中的符号定义。

1.整型变量

nn:结点总数(包括所有支座结点)。

nf:固定铰支座个数。

nd:非固定铰支座的个数(包括发生支座位移的固定铰支座)。

ndf:nd 个非固定铰支座中的约束总个数。

ne:单元总数。

npj:具有直接结点荷载作用的结点数。

n:总刚阶数,也即结点位移分量总数;对于平面桁架结构,$n = 2 \times (\text{nn} - \text{nf})$。

nw:总刚的带宽(也称半带宽)。

2.实型变量

cx:单元的 $\cos\alpha$ 值。

cy:单元的 $\sin\alpha$ 值。

u:结点在 x 方向的位移。

v:结点在 y 方向的位移。

fn:单元的轴力 n。

fg:单元横截面的正应力 $\sigma = N/A$。

3.整型数组

jl[ne]、jr[ne]:单元的始、末端结点号数组。

ii[4]:单元定位数组。

mj[npj]:具有荷载作用的结点所对应的结点整体编号数组。

ibd[ndf]:非固定铰支座中,各约束所对应的位移分量总编号数组。

4.实型数组

x[nn]、y[nn]:结点的 x、y 坐标数组。

e[ne]:各单元的弹性模量数组。

a[ne]:各单元的截面面积数组。

al[ne]:各单元杆长数组。

c[4][4]:存放结构坐标系下的单元刚度矩阵$[\boldsymbol{k}]^{\text{e}}$。

r[n][nw]:存放结构刚度矩阵的上半带元素。

qj[npj][2]:存放结点荷载在 x、y 方向上的分量(其中 $1 \to X_{\text{D}}$;$2 \to Y_{\text{D}}$)。

p[n]:先存放结点荷载向量,解方程后存放结点位移向量。

f[4]:单元在结构坐标系下的杆端力数组。

dis[4]:单元在结构坐标系下的杆端位移数组。

bd[ndf]:非固定铰支座中的各约束在自身方向上的位移值。

二、程序结构的 PAD 设计

平面桁架的计算过程仍划分为下述 6 个大模块:

(1)原始数据的输入与输出(input1)。

(2)组集总刚(wstiff)。

（3）形成结点荷载向量（load）。

（4）引入支承条件（bound）。

（5）求解方程得结点位移（bgauss）。

（6）计算各单元的轴力（nforce）。

上面括号中为各模块对应的子程序名。在大模块中，又将相对独立的计算如求单刚[k]和单元定位向量{II}划分成小模块，分别由子程序 stiff 和 locat 完成其计算。整个分析过程的程序结构设计如图 3-1 所示。

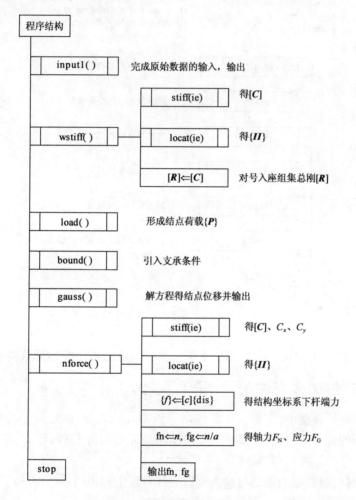

图 3-1　程序结构的 PAD 设计

第三节 ➤　平面桁架的主程序及数据的准备与输入

一、平面桁架主程序的 PAD 设计

由程序结构的 PAD 设计可以看到，主程序直接与子程序 input1、wstiff、load、bound、bgauss

和 nforce 相联系,通过对它们的调用完成整个计算。与第二章相同,所有需要传递的数组和变量值,除单元号用哑实结合外,其余全部定义为全局变量,全部原始数据均在子程序 input1 中输入。

主程序的 PAD 设计如图 3-2 所示。

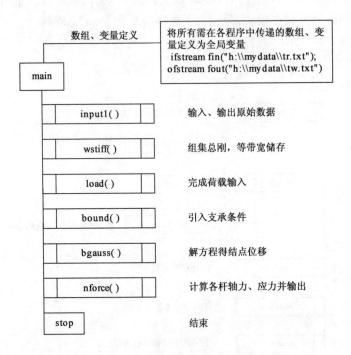

图 3-2　主程序的 PAD 设计

对主程序的 PAD 的说明请参见第一章第二节。相应的程序段参见源程序。

二、原始数据的准备与输入——子程序 input1

平面桁架的原始数据中,需要读入的控制参数有 nn、nf、nd、ndf、ne、npj 等,各参数的意义见本章第二节中的说明。另外,还应输入反映结构的几何尺寸、材料性质、荷载和支承等情况的信息和数据。

与第二章相似,对数据的准备与输入有以下几点规定和说明:

(1)单元的划分必须使每一单元均为等截面直杆。

(2)单元的局部坐标系的 $\bar{x}$ 轴正向为从杆端结点的小号端指向大号端。

(3)对结点编号时,先编可动结点(包括活动铰支座和发生支座移动的固定铰支座),后编不动结点(即固定铰支座)。

子程序 input1 的 PAD 设计如图 3-3 所示。

关于 input1 的 PAD 图的说明请参见第二章第三节。相应的程序段见源程序。

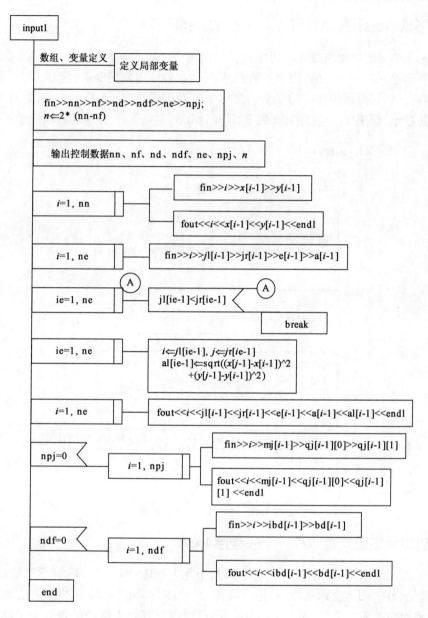

图 3-3　子程序 input1 的 PAD 设计

第四节 ➤ 总刚(等带宽储存)的组集——子程序 stiff、locat、wstiff

与第二章组集总刚的步骤相同,对任意单元ⓔ先由子程序 stiff 计算该单元的单元刚度矩阵$[\boldsymbol{k}]^{ⓔ}$并存于$[\boldsymbol{C}]_{4\times4}$中;然后由子程序 locat 计算该单元的定位向量$\{\boldsymbol{II}\}$,以确定该单元单刚中的各元素在总刚$[\boldsymbol{R}]$中的位置;最后按照"对号入座"法则形成总刚。但是由于总刚$[\boldsymbol{R}]$是按等带宽储存的,因此,单刚中的元素位置与在总刚中的元素位置之间的对应关系比总刚为方阵时要复杂些。

一、形成单元刚度矩阵[*C*]——子程序 stiff

平面桁架单元的单元刚度矩阵可按式(1-41)求得。对于 ie 号单元,可以根据其始末端的结点坐标算出单元的 C_x、C_y 值,而单元的 E、A 和 $L(L=al)$ 为全局变量,其值通过子程序 input1 读入或计算得到,只要调用相应的变量名便可实现数据的传递,于是可按式(1-41)形成单元刚度矩阵并存于[*C*]中。子程序 stiff 的 PAD 设计如图 3-4 所示,相应的程序段参见源程序。

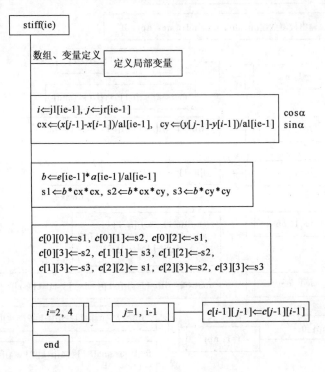

图 3-4　子程序 stiff 的 PAD 设计

二、求单元定位向量{*II*}——子程序 locat

对于平面桁架结构,在对结点进行编号时,采用"先编可动结点,后编不动结点",当采用"前后处理结合法"引入支承条件时,任一结点 i 的位移分量 u_i、v_i 与整体编号之间将符合 $2i-1$、$2i$ 的简单对应关系。于是,对于任一单元 ie,可以根据其始末端的结点号确定其定位向量。子程序 locat 的 PAD 设计如图 3-5 所示,相应的程序段参见源程序。

三、组集总刚(等带宽储存)——子程序 wstiff

1.结构刚度矩阵[*R*]的等带宽储存

第二章在进行平面刚架的程序设计时,结构刚度矩阵[*R*]是以方阵的形式将所有元素全部储存的。这样做使得程序中的计算过程与第一章所推的理论公式和计算步骤直接对应,便于初学者理解,并将更多的精力集中在学习如何根据理论公式和计算过程进行程序设计的思想和方法上。本章结合平面桁架的程序设计,介绍一种提高程序质量(节约计算机内存、提高计算速度)的方法——总刚的"等带宽储存"。

前面已知,结构刚度矩阵是一个对称的方阵,且其中含有大量的零元素。进一步研究可以发现,总刚中的非零元素通常集中在以主对角线为中心的带状区域内,称为带状矩阵,如图 3-6 所示;而且结构愈大,总刚的呈带性就愈明显。在带状矩阵中,各行(或各列)中从主对角线元素开始数起非零元素个数的最大值称为该带状矩阵的带宽(也称半带宽)。若用 nw 表示带宽,则总刚[**R**]中主对角线以上(包括主对角线)整个带宽以内的元素可以储存在 $n \times nw$ 阶的带状矩阵[**R**]*中[图 3-6b)]。这种储存方式称为"等带宽储存"。显然,等带宽储存要比方阵储存节省大量计算机内存,且带宽 nw 值愈小,储存量就愈节省。

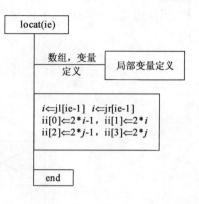

图 3-5　子程序 locat 的 PAD 设计

由总刚的形成规律可知,总刚的带宽 nw 值与结构中各单元的杆端结点编号有关。对于平面桁架结构有下述关系:

$$nw = 2 \times (各单元两端结点号的最大差值 + 1) \tag{3-1}$$

显然,对于平面刚架结构,上式右端为 3 倍的关系。

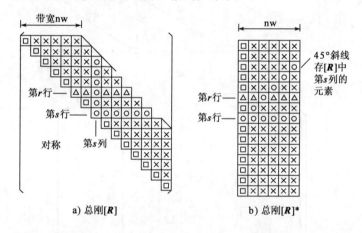

a) 总刚[**R**]　　　　　b) 总刚[**R**]*

图　3-6

因此,为了节省计算机内存,应尽量使各单元两端的结点号的最大差值为最小。例如,图 3-7a)、b)所示的两种编号,显然后者比前者的带宽值要小。

应该注意的是,只有对平面桁架结构的所有支承条件全部采用"后处理法"引入时,才能直接由式(3-1)计算带宽 nw 值。当用本书所述的对固定铰支座的约束采用"前处理"时,式(3-1)的应用要附加一定的条件。

如图 3-8a)所示结构,按照"先编可动结点,后编不动结点"的原则对结点进行了编号。结构的原始刚度矩阵(没引入任何约束条件时)为[**R**]$_0$,如图 3-8b)所示,它是 8×8 块(即 16×16 阶)的对称方阵。由式(3-1)可算得结构原始刚度矩阵的带宽为 $nw = 2 \times (7 - 1 + 1) = 14$。

若采用"前后处理结合法"组集总刚(即对固定铰支座进行前处理)时,各单元中对应于固定铰支座的元素将不参加组集,这样得到的总刚[**R**]为 6×6 块(即 12×12 阶)的对称方阵,如图 3-8b)中的左上角的方阵所示。若再对[**R**]采用等带宽储存,则只要储存[**R**]中斜虚线以内的元素即可。由图 3-8b)可以看出,此时的带宽值 $nw = 6(<14)$。由此可知,对于平面桁架结

构,当在组集总刚时对固定铰支座采用"前处理"且采用等带宽储存,带宽值 nw 的计算公式应为:

$$nw = 2 \times (联结两个可动结点的单元的两端结点号的最大差值 + 1) \qquad (3-2)$$

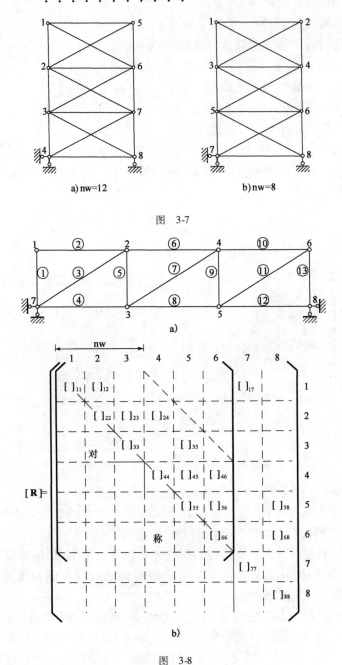

a) nw=12   b) nw=8

图 3-7

图 3-8

在程序中式(3-2)的实现可按下述步骤进行:

(1)设 nm 为所有可动结点的最大编号,则有 nm = nn − nf。

(2)对于任意单元ⓔ,设其始、末端结点号分别为 i 和 j。作判断:

若 $j \leqslant$ nm,则令 iw = $2 \times (j - i + 1)$。

若 $j > nm$，不计算 iw，继续对单元循环。

(3) 对所有单元循环，取 iw 的最大值作为 nw，则 nw 即为所求的带宽值。

2. 等带宽储存时总刚 $[\boldsymbol{R}]^*$ 的组集

从图 3-6 可以看出，$[\boldsymbol{R}]$ 中的元素位置与 $[\boldsymbol{R}]^*$ 中的元素位置之间有如下对应关系：

(1) $[\boldsymbol{R}]$ 中的主对角元素在 $[\boldsymbol{R}]^*$ 中存放在第 1 列。

(2) $[\boldsymbol{R}]$ 中第 r 行的元素在 $[\boldsymbol{R}]^*$ 中仍存放在第 r 行，即行号不变。

(3) 因为在 $[\boldsymbol{R}]$ 中的主元素 R_{rr} 在 $[\boldsymbol{R}]^*$ 中存放在第 r 行第 1 列，这相当于把 $[\boldsymbol{R}]$ 中从主元素 R_{rr} 起的第 r 行的元素全部向左平移 $r-1$ 个位置，即 $[\boldsymbol{R}]$ 中第 r 行的各元素在 $[\boldsymbol{R}]^*$ 中的列码比在 $[\boldsymbol{R}]$ 中的列码减少 $r-1$。因此，在 $[\boldsymbol{R}]$ 中第 r 行 s 列的元素 R_{rs} 在 $[\boldsymbol{R}]^*$ 中对应的行码 r^* 和列码 s^* 为：

$$\left.\begin{aligned} r^* &= r \\ s^* &= s - r + 1 \end{aligned}\right\} \tag{3-3}$$

于是，应把 $[\boldsymbol{R}]$ 中的元素 R_{rs} 存放到 $[\boldsymbol{R}]^*$ 中的第 r^* 行、s^* 列的位置上去。

设单元ⓔ的单刚为 $[\boldsymbol{k}]^{ⓔ}$，始末端结点号分别为 i 和 j。根据 i 和 j 可得单元定位向量 $\{\boldsymbol{II}\}$ 的 4 个分量为 $ii[1]=2i-1$，$ii[2]=2i$，$ii[3]=2j-1$，$ii[4]=2j$。于是可得单刚 $[\boldsymbol{k}]^{ⓔ}$ 中的各元素位置与在总刚 $[\boldsymbol{R}]$（方阵储存）中的位置之间的对应关系，如图 3-9 所示。

在[**R**]中列号	ii(1)	ii(2)	ii(3)	ii(4)
在[**k**]ⓔ中列号	1	2	3	4

$$[\boldsymbol{k}]^{ⓔ} = \begin{bmatrix} k_{11}^e & k_{12}^e & k_{31}^e & k_{14}^e \\ k_{21}^e & k_{22}^e & k_{32}^e & k_{24}^e \\ k_{31}^e & k_{23}^e & k_{33}^e & k_{34}^e \\ k_{41}^e & k_{24}^e & k_{34}^e & k_{44}^e \end{bmatrix}$$

在[**k**]ⓔ中行号	在[**R**]中行号
1	ii(1)
2	ii(2)
3	ii(3)
4	ii(4)

图　3-9

从图 3-9 可知，单刚 $[\boldsymbol{k}]^{ⓔ}$ 中处在第 r 行第 s 列的元素 $\boldsymbol{k}_{rs}$ 在总刚 $[\boldsymbol{R}]$ 中的对应位置的行号为 $ii[r]$，列号为 $ii[s]$。又根据图 3-6 或式(3-3)可知，该元素在 $[\boldsymbol{R}]^*$ 中的位置的行号为 $ii[r]$，列号为 $ii[s]-ii[r]+1$。即有下述对应关系：

$$k_{rs}^e \leftrightarrow R_{ii[r],ii[s]} \leftrightarrow R_{ii[r],ii[s]-ii[r]+1}^* \quad (r = 1,2,3,4; s \geqslant r) \tag{3-4}$$

例如：

$$k_{11}^e \leftrightarrow R_{ii[1],ii[1]} \leftrightarrow R_{ii[1],ii[1]-ii[1]+1}^* = R_{ii[1],1}^*$$

$$k_{23}^e \leftrightarrow R_{ii[2],ii[3]} \leftrightarrow R_{ii[2],ii[3]-ii[2]+1}^*$$

于是，当由子程序 stiff、locat 分别求出单元的单刚 $[\boldsymbol{k}]^{ⓔ}$（存于 $[\boldsymbol{C}]$）和定位向量 $\{\boldsymbol{II}\}$ 后，即可根据式(3-4)所示的对应关系，将 $[\boldsymbol{k}]^{ⓔ}$ 中的元素入座到等带宽矩阵 $[\boldsymbol{R}]^*$ 中去。

应该指出的是：

(1)$[R]^*$中仅存总刚$[R]$中上三角带宽以内的元素,所以单刚$[k]^{©}$中上三角的元素($r = 1,2,3,4, s \geqslant r$)才参加组集。

(2)在程序中仍将矩阵$[R]^*$存于数组$r[n][nw]$中。

(3)支承条件仍采用"前后处理结合法引入",即单元中对应于位移分量号大于n的元素不参加组集总刚。

根据以上讨论,可给出组集等带宽总刚的子程序 wstiff 的 PAD 设计,如图 3-10 所示,相应的程序段参见源程序。

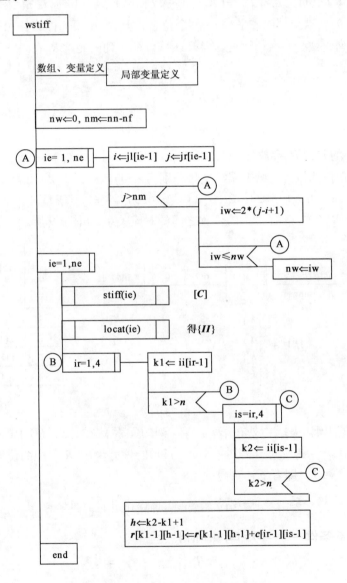

图 3-10   子程序 wstiff 的 PAD 设计

第五节 ▷ 形成荷载列阵及支承条件的引入
——子程序 load、bound

一、形成荷载列阵{P}——子程序 load

桁架结构仅受结点荷载作用,由此所形成的荷载列阵即为所求的荷载列阵。设结构中共有 npj 个结点上有结点荷载作用,对这些结点从 1 到 npj 进行编号,并以数组 mj[npj] 记录这些结点的总体编号,以 qj[npj][2] 存放这 npj 个结点荷载的 X_D、Y_D 两个分量值。

对于第 i 个具有荷载作用的结点,设其对应的结点总体编号为 $k = mj[i]$,则该结点上的荷载分量 X_D 和 Y_D 对应的荷载列阵中的分量为:

$$X_D \rightarrow p[2k - 1]$$

$$Y_D \rightarrow p[2k]$$

即应将该结点的 X_D 和 Y_D 分别叠加到 $p[2k - 1]$ 和 $p[2k]$ 上去。对 i 从 1 到 npj 循环,即可由已知结点荷载形成结构的荷载列阵。子程序 load 的 PAD 设计如图 3-11 所示,相应程序段参见源程序。

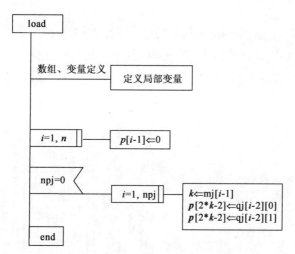

图 3-11　子程序 load 的 PAD 设计

二、引入支承条件——子程序 bound

在第二章第六节中介绍了以方阵形式储存总刚时处理支承条件的两种方法——"赋大值法"和"主 1 付 0 法"。本节介绍等带宽储存总刚时两种方法的实现。

1.等带宽储存时的赋大值法

设某一结点位移分量的值已知,$\delta_i = C_j$,当结构的总刚[R]是用方阵的形式储存时,采用"赋大值法"仅需将总刚[R]中的主元素 R_{jj} 换为一个充分大的数 A,与 δ_j 相对应的荷载分量 P_j

换为 AC_j 即可。在等带宽储存中，$[\boldsymbol{R}]$ 中的元素 R_{jj} 在 $[\boldsymbol{R}]^*$ 中处在第 j 行第 1 列的位置即 R_{j1}^*，而 P_j 的位置不变。因此，只需将 R_{j1}^* 换为 A，P_j 换为 AC_j，即实现了等带宽储存时的"赋大值法"。

2.等带宽储存时的"主 1 付 0 法"

设已知 $\delta_j = C_j$。方阵形式储存总刚时用"主 1 付 0 法"得出的公式为：

$$
\begin{Bmatrix}
P_1 - R_{1j}C_j \\
P_2 - R_{2j}C_j \\
\vdots \\
C_j \\
\vdots \\
P_n - R_{nj}C_j
\end{Bmatrix}
=
\begin{Bmatrix}
R_{11} & R_{12} & \cdots & 0 & \cdots & R_{1n} \\
R_{21} & R_{22} & \cdots & 0 & \cdots & R_{2n} \\
\vdots & \vdots & \vdots & \vdots & \vdots & \vdots \\
0 & 0 & \cdots & 1 & \cdots & 0 \\
\vdots & \vdots & \vdots & \vdots & \vdots & \vdots \\
R_{n1} & R_{n2} & \cdots & 0 & \cdots & R_{nn}
\end{Bmatrix}
\begin{Bmatrix}
\delta_1 \\
\delta_2 \\
\vdots \\
\delta_j \\
\vdots \\
\delta_n
\end{Bmatrix}
\tag{3-5}
$$

当用等带宽储存时，根据图 3-6 所示的对应关系，令 $[\boldsymbol{R}]$ 中的主元素 $R_{jj}=1$，相当于令 $[\boldsymbol{R}]^*$ 中的元素 $R_{j1}^*=1$；令 $[\boldsymbol{R}]$ 中第 j 行、第 j 列的其余元素为 0，相当于令 $[\boldsymbol{R}]^*$ 中第 j 行的其余元素，以及从 R_{j1}^*（R_{j1}^* 除外）起向右上方 45°斜线上的元素为 0，如图 3-12 所示。

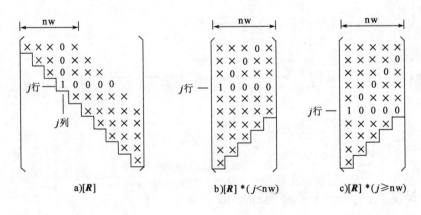

图 3-12

需要注意的是，当 $j < \text{nw}$ 时，$[\boldsymbol{R}]^*$ 中斜线上的最后一个零元素的列号 $j^* = j(<\text{nw})$［图 3-12b)］；而当 $j \geqslant \text{nw}$ 时，斜线上最后一个零元素的列号 $j^* = \text{nw}$。因此，在对 $[\boldsymbol{R}]^*$ 中斜线上的元素赋零值时，最大的列号 j^* 应取 j 和 nw 中的最小者，即 $j^* = \min(j, \text{nw})$。

等带宽储存总刚时，"主 1 付 0 法"对荷载列阵的处理可以分为两种情况：一种情况是已知位

移 $\delta_j = 0$，此时仅需将与 δ_j 对应的荷载分量 P_j 取为 0 即可；另一种情况是 $\delta_j = C_j \neq 0$，此时应先根据式（3-3）所示的对应关系，将式（3-5）左端列阵中的元素 R_{ij} 换为在 $[\boldsymbol{R}]^*$ 中的对应元素，然后再分 $j < $ nw 和 $j \geqslant$ nw 进行讨论，即可得到相应的荷载列阵。读者可自行推导，此处不再详述。

　　总的看来，"赋大值法"与"主 1 付 0 法"相比较，前者较简捷，易于在程序中实现，且一般能满足工程误差要求，故采用较多。本章仍采用"赋大值法"引入支承条件。

　　设桁架结构共有 nd 个可动铰支座（包括发生支座位移的固定铰支座），这些支座中又有 ndf 个约束。对这 ndf 个约束进行统一编号，并以数组 ibd[ndf] 记录这些约束所对应的位移分量号，以 bd[ndf] 记录这些约束的已知位移值。

　　对于第 i 个约束，设其对应的位移分量号为 $k =$ ibd$[i]$。令 $[\boldsymbol{R}]^*$ 中的元素 $R_{ki}^* = A$（A 为大值），荷载向量中的分量 $\boldsymbol{p}[k] = A \times$ bd$[i]$，这样即用"赋大值法"引入了第 i 个约束条件。对 i 从 1 到 ndf 循环，即引入了全部约束条件。这个过程由子程序 bound 完成，其中 PAD 设计如图 3-13 所示，相应的程序段参见源程序。

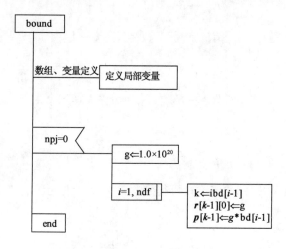

图 3-13　子程序 bound 的 PAD 设计

第六节 ➤ 等带宽高斯消元法——子程序 bgauss

一、矩阵全储存高斯消元法公式

　　在第二章第七节中推出了系数矩阵为对称方阵的线性代数方程组的高斯消元和回代公式，具体如下。

　　消元公式：

$$\left.\begin{array}{l} R_{ij} \Leftarrow R_{ij} - \dfrac{R_{ik}}{R_{kk}} R_{kj} \\[3mm] P_i \Leftarrow P_i - \dfrac{R_{ki}}{R_{kk}} P_k \end{array}\right\} \quad (k = 1, 2, \cdots, n-1; i, j = k+1, k+2, \cdots, n) \tag{3-6}$$

回代公式：

$$
\left.\begin{aligned}
X_n &\Leftarrow \frac{P_n}{R_{nn}} \\
x_i &\Leftarrow \left(P_i - \sum_{j=i+1}^{N} R_{ij}X_j\right)/R_{ii}
\end{aligned}\right\} \quad (i = n-1, n-2, \cdots, 1) \tag{3-7}
$$

二、等带宽储存高斯消元法公式

当用等带宽矩阵$[R]^*$储存时，可以通过把式(3-6)和式(3-7)中$[R]$中的元素换成$[R]^*$中相应的元素，并把循环变量和下标的变化范围作些相应的改动而得到消元和回代公式。

由式(3-3)可知，式(3-6)和式(3-7)中的各元素有如下对应关系：

$$
\left.\begin{aligned}
R_{ij} &\to R_{il}^* \quad (l = j-i+1) \\
R_{ki} &\to R_{kl}^* \quad (l = i-k+1) \\
R_{kk} &\to R_{k1}^* \\
R_{kj} &\to R_{km}^* \quad (m = j-k+1) \\
R_{ii} &\to R_{i1}^* \\
R_{nn} &\to R_{n1}^*
\end{aligned}\right\} \tag{3-8}
$$

把式(3-8)代入式(3-6)和式(3-7)，可得到等带宽高斯消元法的消元和回代公式。
消元过程：

$$
\left.\begin{aligned}
R_{ij}^* &\Leftarrow R_{ij}^* - \frac{R_{kl}^*}{R_{k1}^*}R_{km}^* \\
P_i &\Leftarrow P_i - \frac{R_{kl}^*}{R_{k1}^*}P_k
\end{aligned}\right\} \tag{3-9}
$$

其中，消元码$k = 1, 2, \cdots, n-1$；行码$i = k+1, k+2, \cdots, i_m$；列码$j = 1, 2, \cdots, \mathrm{nw}-l+1$；$m = j+i-k, l = i-k+1$。

回代过程：

$$
\left.\begin{aligned}
P_n &\Leftarrow \frac{P_n}{R_{n1}^*} \\
P_i &\Leftarrow \left(P_i - \sum_{J=2}^{j_m} R_{ij}^* P_{j+i-1}\right)/R_{i1}^* \quad (i = n-1, n-2, \cdots, 1)
\end{aligned}\right\} \tag{3-10}
$$

下面对式(3-9)中i_m的取值和j的变化范围以及式(3-10)中j_m的取值分别加以说明。

1.i_m的取值

从图3-14a)可看到，在进行第k轮消元时，是以第k行为轴行，把主元素R_{kk}以下各行(即

第 k 列)的元素全部变为 0。由于矩阵 $[\boldsymbol{R}]$ 是对称的带状矩阵,R_{kk} 下面的元素当行码 i 大于 k + nw -1($<n$)时已全部为 0,所以第 k 轮消元时的行码变化范围为 $i = k + 1,\cdots,k + \mathrm{nw} - 1$,此时,$i_m = k + \mathrm{nw} - 1$($<n$);显然,若轴行行号 k 较大,而使 $k + \mathrm{nw} - 1 \geqslant n$ 时,只需要对第 $k + 1$,$k + 2,\cdots,n$ 行进行消元,也即行码的变化范围为 $i = k + l,k + 2,\cdots,n$,于是,$i_m = n$ 。综上所述,第 k 轮消元中行码变化的最大值为:

$$i_m = \min(k + \mathrm{nw} - 1,n) \tag{3-11}$$

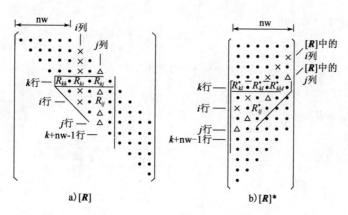

图　3-14

注意到 $[\boldsymbol{R}]$ 与 $[\boldsymbol{R}]^*$ 的对应关系中,行号不变,所以等带宽储存时,消元过程中的行码变化也为:

$$i = k + 1,k + 2,\cdots,i_m$$

$$i_m = \min(k + \mathrm{nw} - 1,n)$$

2.式(3-9)中的 j 的变化范围

从图 3-14a)可见,在第 k 轮消元中,对第 i 行的各元素进行修改时,只需对第 i 行处在三角形框以内的各元素进行修改。根据 $[\boldsymbol{R}]$ 与 $[\boldsymbol{R}]^*$ 的对应关系,在 $[\boldsymbol{R}]$ 中的三角形框对应于图 3-14b)中所示的三角形框。因为在 $[\boldsymbol{R}]^*$ 中,第 i 行元素的总个数为 nw,而处在三角形框内的元素个数为 $\mathrm{nw} - (i - k) = \mathrm{nw} - l + 1$ 。其中 $l = i - k + 1$,所以在对第 i 行进行修改时,j 的变化范围是 $j = 1,2,\cdots,\mathrm{nw} - l + 1$ 。

3.式(3-10)中 j_m 的取值

当消元过程完成后,修改后的矩阵 $[\boldsymbol{R}]^*$ 仍存在 $[\boldsymbol{R}]^*$ 中,且 $[\boldsymbol{R}]^*$ 的右下三角形区域内的元素仍为零值,如图 3-15 所示。

由图 3-15 可见,在回代过程中,当行号 i 较小时,该行的元素个数共有 nw 个,此时该行元素的列码的最大值为 $j_m = \mathrm{nw}$;而当行号 i 较大时,该行的非零元素的个数只有 $n - i + 1$ 个,所以该行元素列码的最大值为 $j_m = n - i + 1$ 。

综上所述,在对第 i 行回代时,列码的最大值为:

$$j_m = \min(\mathrm{nw},n - i + 1) \tag{3-12}$$

有了等带宽储存的高斯消元法的消元和回代公式[式(3-9)和式(3-10)],并确定了式中

各脚码的变化范围后,可以将等带宽高斯消去法的计算过程归纳如下:

等带宽消元过程:

$$
\left.\begin{array}{l}
\text{对 } k = 1,2,\cdots,n-1 \text{ 循环,取 } i_m = \min(k+\text{nw}-1,n) \\[2mm]
\text{对 } i = k+1,k+2,\cdots,i_m \text{ 循环,取 } l = i-k+1, j_m = \text{nw}-l+1 \\[4mm]
p_i \Leftarrow p_i - \dfrac{R_{kl}^*}{R_{k1}^*} p_k \\[4mm]
\text{对 } j = 1,2,\cdots,j_m \text{ 循环,取 } m = j+i-k \\[4mm]
R_{ij}^* \Leftarrow R_{ij}^* - \dfrac{R_{kl}^*}{R_{k1}^*} R_{km}^*
\end{array}\right\} \tag{3-13}
$$

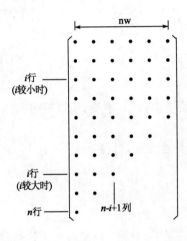

图 3-15

等带宽回代过程:

$$
\left.\begin{array}{l}
P_n = P_n / R_{n1}^* \\[2mm]
\text{对 } i = n-1,n-2,\cdots,i_m \text{ 循环} \\[2mm]
\text{取 } j_m = \min(\text{nw}, n-i+1) \\[4mm]
P_i \Leftarrow \left(P_i - \displaystyle\sum_{j=2}^{j_m} R_{ij}^* P_{j+i-1}\right) / R_{i1}^*
\end{array}\right\} \tag{3-14}
$$

由式(3-13)和式(3-14),可给出 bgauss 的 PAD 设计如图 3-16 所示,子程序 bgauss 相应的程序段参见源程序。

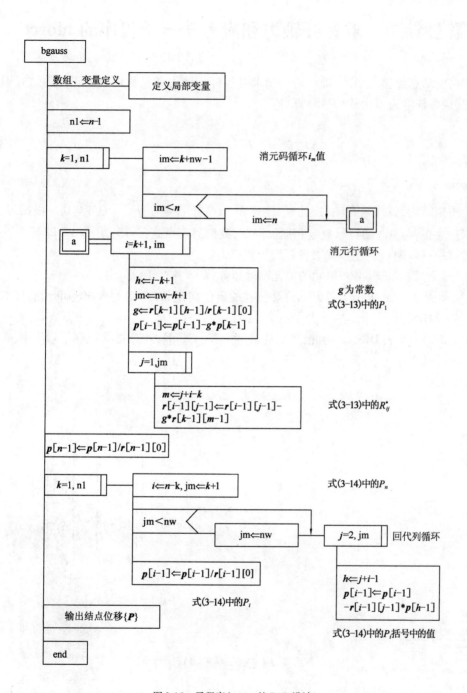

图 3-16 子程序 bgauss 的 PAD 设计

第七节 ➤ 求各杆轴力和应力——子程序的 nforce

当结构的结点位移求出后,即可进一步求出各杆的轴力和横截面上的正应力。对于任意单元ⓔ,其最后杆端力可由式(3-15)算得:

$$\{\overline{F}\}^{ⓔ} = [T][k]^{ⓔ}\{\delta\}^{ⓔ} \tag{3-15}$$

式中:$\{\overline{F}\}^{ⓔ} = [\overline{N}_i, \overline{Q}_i, \overline{N}_j, \overline{Q}_j]^{ⓔT}$。

对于桁架结构,各杆只有轴力,且 $\overline{N}_i^{ⓔ} = -\overline{N}_j^{ⓔ}$;而杆端剪力 $\overline{Q}_i^{ⓔ} = \overline{Q}_j^{ⓔ} = 0$。根据习惯,总设轴力以拉为正,与 $\overline{N}_j^{ⓔ}$ 的符号规定相同。因此,我们只需由式(3-15)求出 $\overline{N}_j^{ⓔ}$ 即可。

在程序中可以通过下述步骤求各杆轴力和应力:

(1)由子程序 stiiff 求出ⓔ单元的单元刚度矩阵$[k]^{ⓔ}$并存于$[C]$中。

(2)由子程序 locat 求出ⓔ单元的杆端位移的定位向量$\{II\}$,由此求出ⓔ单元的杆端位移$\{\delta\}^{ⓔ}$并存于$\{DIS\}$中。

(3)计算$[T][C]\{DIS\}$。为此,可以先计算乘积$[C]\{DIS\}$并将乘积存于$\{F\}$中,再计算$[T]\{F\}$。

由于:

$$[T]\{F\} = \begin{bmatrix} C_X & C_Y & & \\ & & [\mathbf{0}] & \\ -C_Y & C_X & & \\ & & C_X & C_Y \\ & [\mathbf{0}] & & \\ & & -C_Y & C_X \end{bmatrix} \begin{Bmatrix} F(1) \\ F(2) \\ F(3) \\ F(4) \end{Bmatrix} = \begin{Bmatrix} \overline{N}_i^{ⓔ} \\ \overline{Q}_i^{ⓔ} \\ \overline{N}_j^{ⓔ} \\ \overline{Q}_j^{ⓔ} \end{Bmatrix}$$

于是可得轴力:

$$\overline{N}_j^{ⓔ} = F(3)C_X + F(4)C_Y$$

正应力:

$$\sigma^{ⓔ} = \frac{\overline{N}_j^{ⓔ}}{A^{ⓔ}}$$

在程序中分别用 fn、fg 表示 $\overline{N}_j^{ⓔ}$、$\sigma^{ⓔ}$ 对单元号ⓔ循环,即得各单元的轴力和截面正应力。nforce 的 PAD 设计如图 3-17 所示,相应的程序段参见源程序。

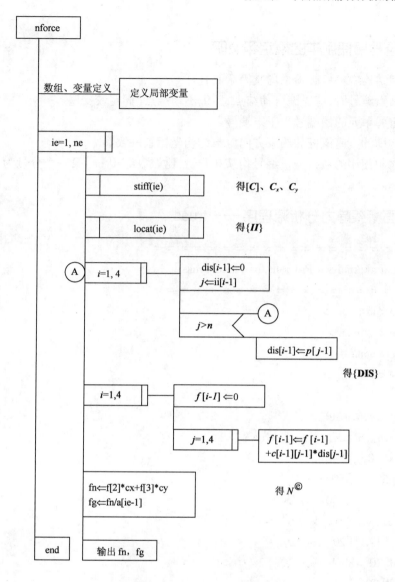

图 3-17　子程序 nforce 的 PAD 设计

第八节 ➤　平面桁架静力分析的源程序及算例

本节用 VC 语言编写了平面桁架静力分析的源程序,程序名取为 truss。下面对程序的功能和一些规定给予说明。

一、程序功能

(1)能计算并输出任意平面桁架在结点荷载作用下结构的结点位移、各杆的轴力和截面的正应力。

(2)本程序采用"前后处理结合法",可以直接处理固定铰支座、活动铰支座和有已知支座位移的支承条件。

二、关于程序使用中的规定和说明

(1)桁架结构中各杆必须是均质等截面直杆。

(2)对结点编号时,应先编可动结点,后编不动结点(固定铰支座)。

(3)规定各单元的始端号小于末端号。

(4)结构中的支座链杆的约束方向应与结构坐标系一致。

(5)程序中使用的数组分量编号均从 0 开始,比如数组 jl[ne]第一个分量为 jl[0],最后一个分量为 jl[ne − 1]。

三、平面桁架静力分析源程序—— truss

```
// = = = = = = = = = = = = = = = = = = =
// Structural Analysis Program for Plane Truss
// = = = = = = = = = = = = = = = = = = =
#include < iostream >
#include < fstream >
#include < math. h >
#include < iomanip >

using namespace std;
short nn,ne,nf,nd,ndf,npj,n,nw;
double x[40],y[40];
short jl[50],jr[50],ii[4];
double e[50],a[50],al[50];
double cx,cy,c[4][4];
double r[120][20],p[120];
short mj[20];double qj[20][2];
short ibd[20];double bd[20];
double f[4],dis[4];

void input1();
void wstiff();
void stiff(short ie);
void locat(short ie);
void load();
void bound();
void bgauss();
void nforce();
```

```
ifstream fin("h:\mydata\tr.txt");
ofstream fout("h:\mydata\tw.txt");

// = = = = = = = = = = = = = =
//Main Program
// = = = = = = = = = = = = = =
void main()
{
    input1();
    wstiff();
    load();
    bound();
    bgauss();
    nforce();
    cout << "求解完毕,请到指定文件查看结果!";
fin.close();
fout.close();
}
// = = = = = = = = = = = = = = = = = = = = = = =
//SUB - -1   Read and Print Initial Data
// = = = = = = = = = = = = = = = = = = = = = = =
void input1()
{
    short i,j,k,ie,inti;
    double dx,dy;

    fout << "Plane Truss Structural Analysis" << endl;
    fout << " * * * * * * * * * * * * * * * * * * * * * * * * * * * * * *" << endl;
    fout << "Input Data" << endl;
    fout << " = = = = = = = = = = = = = = = = = = =" << endl;
    fout << "Structural Control Data" << endl;
    fout << " - - - - - - - - - - - - - - - - - - - - - - - - - - - - - - - - - - -" << endl;
    fout << "nn" << setw(8) << "nf" << setw(8) << "nd" << setw(8) << "ndf" << setw
(8) << "ne" << setw(8) << "npj" << setw(8) << "n" << endl;
    fin >> nn >> nf >> nd >> ndf >> ne >> npj;
    n = 2 * (nn - nf);
    fout << nn << setw(8) << nf << setw(8) << nd << setw(8) << ndf << setw(8) << ne <<
setw(8) << npj << setw(8) << n << endl;
    fout << endl;
```

```cpp
fout << "Nodal Coordinates" << endl;
fout << "- - - - - - - - - - - - - - - - - - - - - - - - - - - -" << endl;
fout << "Node" << setw(8) << "x" << setw(8) << "y" << endl;
for(i = 1;i < = nn;i ++ )
{
    fin >> i >> x[i - 1] >> y[i - 1];
        fout << i << setw(11) << x[i - 1] << setw(8) << y[i - 1] << endl;
}

    fout << endl;
fout << "Element Information" << endl;
fout << "- - - - - - - - - - - - - - - - - - - - - - - - - - - - -" << endl;
fout << "ELe. No. "
 << setw(8) << "jl" << setw(9) << "jr" << setw(12) << "e" << setw(12) << "a" << setw(10) << "al" << endl;
for(j = 1;j < = ne;j ++ )
{
    fin >> j >> jl[j - 1] >> jr[j - 1] >> e[j - 1] >> a[j - 1];
}
ie = 1;
while (ie < = ne)
{
    if (jl[ie - 1] > = jr[ie - 1]) break;
    ie + = 1;
}
inti = 1;
while ( ! (inti > ne))
{
    i = jl[inti - 1];
    j = jr[inti - 1];
    dx = x[j - 1] - x[i - 1];
    dy = y[j - 1] - y[i - 1];
    al[inti - 1] = sqrt(dx * dx + dy * dy);
    inti + = 1;
}
for(i = 1;i < = ne;i ++ )
{
    fout << i << setw(14) << jl[i - 1] << setw(9) << jr[i - 1] << setw(12) << e[i - 1] << setw(12) << a[i - 1] << setw(10) <<
    al[i - 1] << endl;
```

```
        }
      k = npj ;
      if ( k! = 0 )
      {
    fout << endl ;
    fout << "Nodal Load" << endl ;
        fout << " – – – – – – – – – – – – – – – – – – – – – – – – " << endl ;
        fout << "n" << setw( 8 ) << "mj" << setw( 8 ) << "xd" << setw( 8 ) << "yd" << endl ;
        for( inti = 1 ; inti < = k ; inti ++ )
        {
            fin >> inti >> mj[ inti – 1 ] >> qj[ inti – 1 ][ 0 ] >> qj[ inti – 1 ][ 1 ] ;
            fout << inti << setw( 8 ) << mj[ inti – 1 ] << setw( 8 ) << qj[ inti – 1 ][ 0 ] << setw( 8 )
<< qj[ inti – 1 ][ 1 ] << endl ;
        }
      }
    fout << endl ;
    j = ndf ;
      if ( j! = 0 )
      {
        fout << "Boundary Conditions" << endl ;
        fout << " – – – – – – – – – – – – – – – – – – – – – – – – – – – " << endl ;
        fout << "i" << setw( 8 ) << "ibd" << setw( 8 ) << "bd" << endl ;
        for( inti = 1 ; inti < = j ; inti ++ )
        {
            fin >> inti >> ibd[ inti – 1 ] >> bd[ inti – 1 ] ;
            fout << inti << setw( 8 ) << ibd[ inti – 1 ] << setw( 8 ) << bd[ inti – 1 ] << endl ;
        }
      }
}
// = = = = = = = = = = = = = = = = = = = = = = = = = = = = =
//SUB – –2   Assemble Structural Stiffness Matrix[ R ]
// = = = = = = = = = = = = = = = = = = = = = = = = = = = = =
void wstiff( )
{
    short nm , ie ;
    short k1 , k2 , i , j ;
    short iw , h ;
    short inti , intj ;
```

```
nw = 0;
nm = nn - nf;
ie = 1;
while ( ie < = ne )
{
  i = jl[ ie - 1 ];
  j = jr[ ie - 1 ];
  if ( j > nm ) goto ielabel;
  iw = 2 * ( j - i + 1 );
  if ( iw < = nw ) goto ielabel;
  nw = iw;
    ielabel: ie + = 1;
}
for( i = 1; i < = n; i ++ )
{
  for( j = 1; j < = nw; j ++ )
  {
    r[ i - 1 ][ j - 1 ] = 0;
  }
}
ie = 1;
while ( ! ( ie > ne ) )
{
  stiff( ie );
  locat( ie );
  for( inti = 1; inti < = 4; inti ++ )
  {
    k1 = ii[ inti - 1 ];
    if ( k1 > n ) goto intilabel;
    for( intj = inti; intj < = 4; intj ++ )
    {
      k2 = ii[ intj - 1 ];
      if ( k2 > n ) goto intjlabel;
      h = k2 - k1 + 1;
      r[ k1 - 1 ][ h - 1 ] + = c[ inti - 1 ][ intj - 1 ];
        intjlabel: ;
    }
      intilabel: ;
  }
```

```
            ie + = 1 ;
        }
    }
// = = = = = = = = = = = = = = = = = = = = = = = = = = = = = = = = = =
//SUB - - 3   Set Up Stiffness Matrix[ C ] ( Global Coordinate System )
// = = = = = = = = = = = = = = = = = = = = = = = = = = = = = = = = = =
void stiff( short ie )
{
    short i,j;
    double b,s1,s2,s3;

    i = jl[ ie - 1 ] ;
    j = jr[ ie - 1 ] ;
    cx = ( x[ j - 1 ] - x[ i - 1 ] )/al[ ie - 1 ] ;
    cy = ( y[ j - 1 ] - y[ i - 1 ] )/al[ ie - 1 ] ;
    b = e[ ie - 1 ] * a[ ie - 1 ]/al[ ie - 1 ] ;
    s1 = cx * cx * b ;
    s2 = cx * cy * b ;
    s3 = cy * cy * b ;
    c[ 0 ][ 0 ] = s1 ;
    c[ 0 ][ 1 ] = s2 ;
    c[ 0 ][ 2 ] = - s1 ;
    c[ 0 ][ 3 ] = - s2 ;
    c[ 1 ][ 1 ] = s3 ;
    c[ 1 ][ 2 ] = - s2 ;
    c[ 1 ][ 3 ] = - s3 ;
    c[ 2 ][ 2 ] = s1 ;
    c[ 2 ][ 3 ] = s2 ;
    c[ 3 ][ 3 ] = s3 ;
    for( i = 2 ; i < = 4 ; i ++ )
    {
        for( j = 1 ; j < = i - 1 ; j ++ )
        {
            c[ i - 1 ][ j - 1 ] = c[ j - 1 ][ i - 1 ] ;
        }
    }
}
```

```
// = = = = = = = = = = = = = = = = = = = = = = = = =
//SUB – –4   Set Up Element Location Vector {II}
// = = = = = = = = = = = = = = = = = = = = = = = = =
void locat(short ie)
{
    short i,  j;

    i = jl[ie – 1];
    j = jr[ie – 1];
    ii[0] = 2 * i – 1;
    ii[1] = 2 * i;
    ii[2] = 2 * j – 1;
    ii[3] = 2 * j;
}
// = = = = = = = = = = = = = = = = = = = = = = = = =
//SUB – –5   Set Up Total Nodal Vector {P}
// = = = = = = = = = = = = = = = = = = = = = = = = =
void load()
{
    short i,k;

    for(i = 1;i < = n;i ++ )
    {
        p[i – 1] = 0;
    }
    if (npj! = 0)
    {
        i = 1;
        while (i < = npj)
        {
            k = mj[i – 1];
            p[2 * k – 2] = qj[i – 1][0];
            p[2 * k – 1] = qj[i – 1][1];
            i + = 1;
        }
    }
}
// = = = = = = = = = = = = = = = = = = = = = = = = =
//SUB – –6   Introduce Support Conditions
```

```
// = = = = = = = = = = = = = = = = = = = = = = = = = =
void bound( )
{
   short i,  k;
   double g;


   if (ndf! = 0)
   {
      g = 1e20;
      for(i = 1;i < = ndf;i ++ )
      {
         k = ibd[i - 1];
         r[k - 1][0] = g;
         p[k - 1] = g * bd[i - 1];
      }
   }
}
// = = = = = = = = = = = = = = = = = = = = = = = = = =
//SUB - - 7  Solve Equilibrium Equations
// = = = = = = = = = = = = = = = = = = = = = = = = = =
void bgauss( )
{
   short n1,k,k1,h;
   short m,im,jm,i,j;
   double g;


   n1 = n - 1;
   for(k = 1;k < = n1;k ++ )
   {
      im = k + nw - 1;
      if (n < im)im = n;
      k1 = k + 1;
      for(i = k1;i < = im;i ++ )
      {
         h = i - k + 1;
         g = r[k - 1][h - 1]/r[k - 1][0];
         p[i - 1] + = - p[k - 1] * g;
         jm = nw - h + 1;
         for(j = 1;j < = jm;j ++ )
```

```
            {
               m = j + i - k;
               r[i-1][j-1] + = - r[k-1][m-1] * g;
            }
        }
    }
    p[n-1] / = r[n-1][0];
    for( k = 1; k < = n1; k ++ )
    {
        i = n - k;
        jm = k + 1;
        if ( nw < jm) jm = nw;
        for( j = 2; j < = jm; j ++ )
        {
            h = j + i - 1;
            p[i-1] + = - r[i-1][j-1] * p[h-1];
        }
        p[i-1] / = r[i-1][0];
    }.


    fout << endl;
    fout << "Output Data" << endl;
    fout << " = = = = = = = = = = = = = = = = = =" << endl;
        fout << endl;
        fout << "nodal displacement" << endl;
fout << " - - - - - - - - - - - - - - - - - - - - - - - - - - - -" << endl;
    fout << "Node No. " << setw(13) << "u" << setw(20) << "v" << endl;
    for( i = 1; i < = nn; i ++ )
    {
fout << i << setw(20) << p[2*i-1-1] << setw(20) << p[2*i-1] << endl;
    }
}
// = = = = = = = = = = = = = = = = = = = = = = = =
//SUB - - 8   Calculate The Forces of Elements
// = = = = = = = = = = = = = = = = = = = = = = = =
void nforce( )
{
    short ie, i, j;
    double fn, fg;
```

```
        fout << endl;
    fout << "Forces And Stresses of The Elements" << endl;
        fout << " - - - - - - - - - - - - - - - - - - - - - - - - - - " << endl;
        fout << "Ele No. " << setw(12) << "Force - - N" << setw(18) << "Stress - - N/A" <
< endl;
        ie = 1;
        while ( ie < = ne)
        {
            stiff(ie);
            locat(ie);
            for(i = 1;i < =4;i ++ )
            {
                dis[i - 1] = 0;
                j = ii[i - 1];
                if (j > n)goto ilabel;
                dis[i - 1] = p[j - 1];
                    ilabel: ;
            }
            for(i = 1;i < =4;i ++ )
            {
                f[i - 1] = 0;
                for(j = 1;j < =4;j ++ )
                {
                    f[i - 1] + = c[i - 1][j - 1] * dis[j - 1];
                }
            }
            fn = f[2] * cx + f[3] * cy;
            fg = fn/a[ie - 1];
            fout << ie << setw(18) << fn << setw(15) << fg << endl;
            ie + = 1;
        }
    }
```

四、上机算例

例 3-1 试用本章程序(truss)分析图 3-18a)所示平面桁架。已知各水平杆和竖杆的横截面面积为 $62cm^2$,各斜杆的横截面面积为 $30cm^2$。材料的弹性模量 $E = 1.8 \times 10^8 kN/m^2$。

解:图 a)所示桁架结构为对称结构。在正对称荷载作用下,可以简化成半边结构进行计算,如图 b)所示。根据对称性的原理,处在对称轴上的杆件 AB 的面积应取为原面积的 1/2,

A、B 上的结点荷载取为原荷载的 $1/2$，A、B 两点无水平位移，故加水平链杆支座。

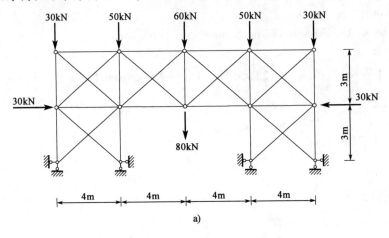

a)

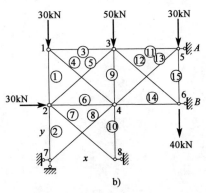

b)

图 3-18

（1）原始数据的准备与输入（单位:kN;m）。

①控制数据。

对结构的结点、单元编号，并取结构坐标系如图 3-18b)所示，各控制数据见下表。

nn	nf	nd	ndf	ne	npj
8	2	2	2	15	5

②结点坐标。

结点 i	1	2	3	4	5	6	7	8
$x[i]$	0.0	0.0	4.0	4.0	8.0	8.0	0.0	4.0
$y[i]$	6.0	3.0	6.0	3.0	6.0	3.0	0.0	0.0

③各单元始末端结点号及 E、A 值。

单元号 i	始端号 jl$[i]$	末端号 jr$[i]$	$e[i]$	$a[i]$
1	1	2	1.8×10^8	0.0062
2	2	7	1.8×10^8	0.0062
3	1	3	1.8×10^8	0.0062

单元号 i	始端号 jl[i]	末端号 jr[i]	$e[i]$	$a[i]$
4	1	4	1.8×10^8	0.003
5	2	3	1.8×10^8	0.003
6	2	4	1.8×10^8	0.0062
7	2	8	1.8×10^8	0.003
8	4	7	1.8×10^8	0.003
9	3	4	1.8×10^8	0.0062
10	4	8	1.8×10^8	0.0062
11	3	5	1.8×10^8	0.0062
12	3	6	1.8×10^8	0.003
13	4	5	1.8×10^8	0.003
14	4	6	1.8×10^8	0.0062
15	5	6	1.8×10^8	0.0031

④结点荷载。

编号 i	结点号 $k = $ mj[i]	X_D q j[i][1]	Y_D q j[i][2]
1	1	0.0	−30.0
2	2	30.0	0.0
3	3	0.0	−50.0
4	5	0.0	−30.0
5	6	0.0	−40.0

注:5、6 结点上的 X_D 赋 0 值。

⑤支承条件。

编号 i	位移分量号 ibd[i]	已知位移值 bd[i]
1	9	0.0
2	11	0.0

将以上数据按照程序中读入的顺序,在数据文件 tr. txt 中输入下列数据:

```
8    2    2    2    15    5
1    0    6
2    0    3
3    4    6
4    4    3
5    8    6
6    8    3
7    0    0
8    4    0
```

1	1	2	1.8e8	0.0062
2	2	7	1.8e8	0.0062
3	1	3	1.8e8	0.0062
4	1	4	1.8e8	0.003
5	2	3	1.8e8	0.003
6	2	4	1.8e8	0.0062
7	2	8	1.8e8	0.003
8	4	7	1.8e8	0.003
9	3	4	1.8e8	0.0062
10	4	8	1.8e8	0.0062
11	3	5	1.8e8	0.0062
12	3	6	1.8e8	0.003
13	4	5	1.8e8	0.003
14	4	6	1.8e8	0.0062
15	5	6	1.8e8	0.0031
1	1	0	−30	
2	2	30	0	
3	3	0	−50	
4	5	0	−30	
5	6	0	−40	
1	9	0		
2	11	0		

(2)结果输出。

程序运行后,将结果文件 tw. txt 打印如下:

Plane Truss Structural Analysis

* *

Input Data

= = = = = = = = = = = = = = = =

Structural Control Data

– –

nn	nf	nd	ndf	ne	npj	n
8	2	2	2	15	5	12

Nodal Coordinates

– –

Node	x	y
1	0	6
2	0	3

3	4	6
4	4	3
5	8	6
6	8	3
7	0	0
8	4	0

Element Information

- -

ELe. No.	jl	jr	e	a	al
1	1	2	1.8e+008	0.0062	3
2	2	7	1.8e+008	0.0062	3
3	1	3	1.8e+008	0.0062	4
4	1	4	1.8e+008	0.003	5
5	2	3	1.8e+008	0.003	5
6	2	4	1.8e+008	0.0062	4
7	2	8	1.8e+008	0.003	5
8	4	7	1.8e+008	0.003	5
9	3	4	1.8e+008	0.0062	3
10	4	8	1.8e+008	0.0062	3
11	3	5	1.8e+008	0.0062	4
12	3	6	1.8e+008	0.003	5
13	4	5	1.8e+008	0.003	5
14	4	6	1.8e+008	0.0062	4
15	5	6	1.8e+008	0.0031	3

Nodal Load

- -

n	mj	xd	yd
1	1	0	−30
2	2	30	0
3	3	0	−50
4	5	0	−30
5	6	0	−40

Boundary Conditions

- -

i	ibd	bd

1	9	0
2	11	0

Output Data

= = = = = = = = = = = = = = = = =

nodal displacement

– –

Node No.	u	v
1	0.000133928	– 0.000148048
2	4.79733e – 006	– 7.95582e – 005
3	0.000155539	– 0.000472408
4	– 5.11095e – 005	– 0.000278458
5	9.72501e – 019	– 0.00138547
6	– 5.3738e – 019	– 0.00144134
7	0	0
8	0	0

Forces And Stresses of The Elements

– –

Ele No.	Force – – N	Stress – – N/A
1	– 25.478	– 4109.36
2	– 29.5957	– 4773.49
3	6.02931	972.47
4	– 7.53664	– 2512.21
5	– 12.4326	– 4144.21
6	– 15.598	– 2515.81
7	– 5.56986	– 1856.62
8	– 22.46	– 7486.65
9	– 72.1493	– 11637
10	– 103.586	– 16707.5
11	– 43.3953	– 6999.24
12	49.3481	16449.4
13	– 67.3186	– 22439.5
14	14.2596	2299.93
15	10.3911	3351.98

例3-2 试用平面桁架分析程序 truss 计算图 3-19 所示桁架。已知各杆截面面积为 20cm^2，材料的弹性模量为 $2.0 \times 10^8 \text{kN/m}^2$。支座 2 沉陷 1.5cm。

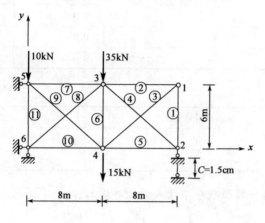

图 3-19

解: 对结点、单元编号，并取结构坐标系如图 3-19 所示。

(1) 原始数据的准备与输入(单位:kN;m)。

① 控制数据。

nn	nf	nd	ndf	ne	npj
6	1	2	2	11	3

② 结点坐标。

结点 i	1	2	3	4	5	6
$x[i]$	16.0	16.0	8.0	8.0	0.0	0.0
$y[i]$	6.0	0.0	6.0	0.0	6.0	0.0

③ 各单元始末端结点号及 E、A 值。

单元号 i	始端号 $jl[i]$	末端号 $jr[i]$	$e[i]$	$a[i]$
1	1	2	2.0×10^8	0.002
2	1	3	2.0×10^8	0.002
3	1	4	2.0×10^8	0.002
4	2	3	2.0×10^8	0.002
5	2	4	2.0×10^8	0.002
6	3	4	2.0×10^8	0.002
7	3	5	2.0×10^8	0.002
8	3	6	2.0×10^8	0.002
9	4	5	2.0×10^8	0.002
10	4	6	2.0×10^8	0.002
11	5	6	2.0×10^8	0.002

④结点荷载。

编号 i	结点号 $k = \text{mj}[i]$	$X_D = \text{q j}[i][1]$	$Y_D = \text{q j}[i][2]$
1	3	0.0	−35.0
2	4	0.0	−15.0
3	5	0.0	−10.0

⑤支承条件。

编号 i	位移分量号 $\text{ibd}[i]$	已知位移值 $\text{bd}[i]$
1	4	−0.015
2	9	0.0

将以上数据在 tr. txt 中按照程序中读入的顺序输入：

6	1	2	2	11	3
1	16	6			
2	16	0			
3	8	6			
4	8	0			
5	0	6			
6	0	0			
1	1	2	2.0e8	0.002	
2	1	3	2.0e8	0.002	
3	1	4	2.0e8	0.002	
4	2	3	2.0e8	0.002	
5	2	4	2.0e8	0.002	
6	3	4	2.0e8	0.002	
7	3	5	2.0e8	0.002	
8	3	6	2.0e8	0.002	
9	4	5	2.0e8	0.002	
10	4	6	2.0e8	0.002	
11	5	6	2.0e8	0.002	
1	3	0	−35		
2	4	0	−15		
3	5	0	−10		
1	4	−0.015			
2	9	0			

（2）结果输出。

运行结果文件 tw. txt 打印如下：

Plane Truss Structural Analysis

```
* * * * * * * * * * * * * * * * * * * * * * * * * * * * * *
```

Input Data

```
= = = = = = = = = = = = = = = =
```

Structural Control Data

```
- - - - - - - - - - - - - - - - - - - - - - - - - - - - - -
```

nn	nf	nd	ndf	ne	npj	n
6	1	2	2	11	3	10

Nodal Coordinates

```
- - - - - - - - - - - - - - - - - - - - - - - - - - -
```

Node	x	y
1	16	6
2	16	0
3	8	6
4	8	0
5	0	6
6	0	0

Element Information

```
- - - - - - - - - - - - - - - - - - - - - - - - - - - - - -
```

ELe. No.	jl	jr	e	a	al
1	1	2	2e+008	0.002	6
2	1	3	2e+008	0.002	8
3	1	4	2e+008	0.002	10
4	2	3	2e+008	0.002	10
5	2	4	2e+008	0.002	8
6	3	4	2e+008	0.002	6
7	3	5	2e+008	0.002	8
8	3	6	2e+008	0.002	10
9	4	5	2e+008	0.002	10
10	4	6	2e+008	0.002	8
11	5	6	2e+008	0.002	6

Nodal Load

```
- - - - - - - - - - - - - - - - - - - - - -
```

n	mj	xd	yd
1	3	0	−35
2	4	0	−15
3	5	0	−10

Boundary Conditions

- -

i	ibd	bd
1	4	−0.015
2	9	0

Output Data

= = = = = = = = = = = = = = = =

nodal displacement

- -

Node No.	u	v
1	0.00292474	−0.0147082
2	−0.00275219	−0.015
3	0.00240596	−0.0066456
4	−0.00218507	−0.00654413
5	1.75256e−018	−0.000768283
6	0	0

Forces And Stresses of The Elements

- -

Ele No.	Force − − N	Stress − − N/A
1	19.4542	9727.09
2	25.9389	12969.5
3	−32.4236	−16211.8
4	35.4449	17722.5
5	−28.356	−14178
6	−6.76471	−3382.35
7	120.298	60148.9
8	−82.5038	−41251.9
9	68.6982	34349.1
10	−109.253	−54626.7
11	−51.2189	−25609.4

第九节 ➤ 程序的灵活运用与扩展

一、弹性支座的处理

如图 3-20a)所示平面桁架结构,在结点 A 处有一竖向弹性支座,弹簧刚度为 k,各杆材料的弹性模量为 E。

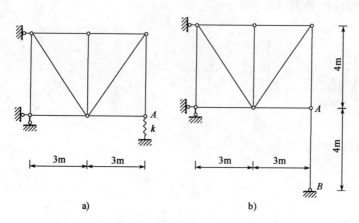

图 3-20

对于弹性支座,可以由以下两种方法处理:

1.扩展程序,增加处理弹性支座的功能

如第二章第十节所述,可以在程序中增加记录弹性支承情况的信息,按第一章第八节中所述的方法修改源程序(略)。

2.直接利用本章程序计算

根据力学中等效的原则,A 支座处的弹簧的作用可以用一根在约束方向上的链杆 AB 来代替[图 3-20b)]。该杆的轴向变形的刚度 EA/L 等于弹簧的刚度 k。现取 AB 杆的长度 $L=4\text{m}$(可任取),则由 $EA/L=k$ 可得 $A=kL/E=4k/E$。若 k、E 值为已知,则 AB 杆的截面积也可求出。其余计算同前。做出上述准备后,即可直接利用本章程序计算。

二、斜向支座的处理

如图 3-21a)所示平面桁架结构,结点 B 处有一斜向支座。该支座的约束作用是限制 B 点在斜面法线方向上的位移,但允许有沿斜面切线方向上的位移。若用 u_B^* 和 v_B^* 分别表示结点 B 沿斜面切向和法向的位移,则有 $u_B^* \neq 0$,$v_B^* = 0$。

由于 $u_B^* \neq 0$,因此,它在结构坐标系 x、y 方向上的位移分量 u_B 和 v_B 也不为零,但是它们之间符合一定的关系。即 u_B 和 v_B 的合位移等于 u_B^*,且沿着斜面切向。这就是说 u_B 和 v_B 不是独立的。于是,若仍用结构坐标系的结点位移 u_B、v_B 来描述,则无法引入该支座的支承条件。这个问题可以由以下两种方法来处理:

1.引入结点坐标系,进行坐标变换

这种方法的处理过程为:首先不考虑斜向支承条件,而把该支座作为一般活动支座进行编号,并建立平面桁架在结构坐标系下的刚度方程;其次建立斜支座的结点坐标系 x^*By^*,如图 3-21b)所示。根据 x^*By^* 与 xOy 之间夹角 α,把结点位移 u_B^*、v_B^* 变换到结构坐标系上,并把结点荷载 F_x^* 和 F_y^* 也作相应的变换;最后把结点位移和结点荷载的变换关系代入结构刚度方程,得到修改的结构刚度矩阵和荷载向量。通过上述处理,即引入了斜向约束条件。这些步骤的公式推导可参见有关书籍。在程序中应用此法,应增加计算斜向支座的坐标转换矩阵、对总刚和荷载向量进行修改等语句。

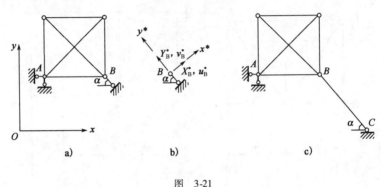

图 3-21

2.杆件替代法

设想用一根轴力杆 BC 代替原支座链杆的作用,也即加长原支座链杆为 BC 杆。计算时,将此杆作为一个单元考虑,该单元的轴向刚度 EA/L 值很大(或取其横截面积 A 是一个很大的数,如为其他杆件横截面积的 10^{10} 倍)。杆件的长度 L 可以取一适当的数值,如等于桁架中最长杆件的长度。这样,BC 杆的轴向变形很小,B 点主要发生垂直于 BC 杆方向的位移,与原斜向支座的作用基本相同。而图 3-21c)所示结构可以直接由本章程序进行计算,只是增加了一些人工准备工作。

三、平面桁架的影响线

作桁架某杆的内力或某结点的位移的影响线,实际上就是求出单位荷载 $P=1$ 分别作用在各结点上(在移动范围内的结点)时,该杆内力或该结点位移的值,如图 3-22 所示。影响线的程序可以在本章程序的基础上进行如下修改而得到:

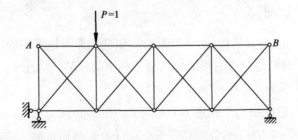

图 3-22

(1)把整型变量 npj 看作是 $P=1$ 作用的结点数,以 mj[npj]记录 $P=1$ 依次作用的结点序号。

（2）把一维数组 $p[n]$ 改为二维数组 $p[n][\mathrm{npj}]$，用来存放 $P=1$ 分别作用在各结点上时所产生的结点荷载向量。

（3）解线性方程组时，应同时对二维数组 $p[n][\mathrm{npj}]$ 中的 npj 列元素进行修改，回代时同时求出 npj 组结点位移，并仍存于 $p[n][\mathrm{npj}]$ 中。

（4）若求某结点位移的影响线时打印出 $p[n][\mathrm{npj}]$ 中对应于该位移的 npj 个值，即可绘出该位移的影响线；若求某杆内力的影响线，则可根据所求出的 npj 组结点位移，分别求出该杆的 npj 个内力值，即可绘出该杆内力的影响线。

（5）若求所有杆件内力的影响线，则可根据所示的 npj 组结点位移 $p[n][\mathrm{npj}]$，同时求出各杆的 npj 个内力值，据此可绘出各杆内力的影响线。

3-1　如图 1 所示桁架结构，问：如何对结点编号以使总刚的带宽值最小，并求带宽 nw 值。

（1）对所有支承条件采用后处理。

（2）采用"前后处理结合法"引入支承条件。

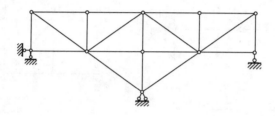

图 1

3-2　如图 2 所示结构，采用"前后处理结合法"引入支承条件，结点编号如图所示。试求等带宽矩阵 $[R]^*$ 的带宽，并确定单刚 $[k]^{\circledcirc}$ 中的元素在 $[R]^*$ 中的位置。

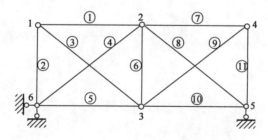

图 2

3-3　利用本章程序计算图 3 所示结构各杆的轴力。已知各杆横截面积 $A=25\mathrm{cm}^2$，材料弹性模量 $E=2.0\times10^8\mathrm{kN/m}^2$。

3-4　利用本章程序计算图 4 所示桁架，已知 B 支座发生水平位移 $2\mathrm{cm}(\rightarrow)$。各杆 $A=20\mathrm{cm}^2$，$E=1.8\times10^8\mathrm{kN/m}^2$。

*3-5　用本章程序计算图 5 所示结构各杆的内力。支座 A 为弹性支座，弹簧刚度 $k=2\times10^6\mathrm{kN/m}$。各杆 $E=2.0\times10^8\mathrm{kN/m}^2$，$A=40\mathrm{cm}^2$。

3-6　用本章程序计算图 6 所示结构各杆的内力。已知各杆 $E=2.0\times10^8\mathrm{kN/m}^2$，$A$

$= 25\,\mathrm{cm}^2$。

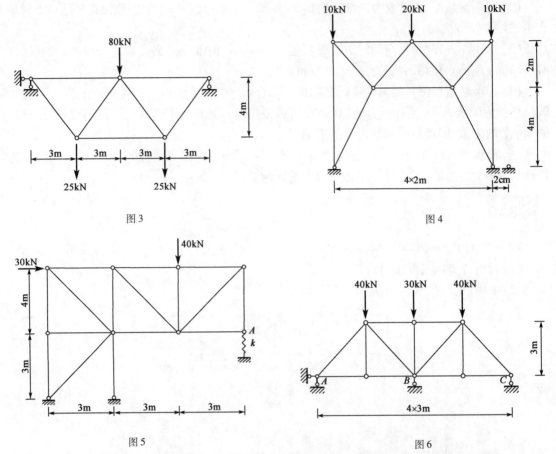

图 3

图 4

图 5

图 6

3-7 按本章第九节中所述,在本章程序的基础上,增加各杆件内力影响线的功能。

第四章
连续梁静力分析和影响线的程序设计

第一节 ＞ 概 述

用矩阵位移法计算连续梁要比计算刚架或桁架简单得多。这是因为：

(1)连续梁结构的基本未知量是结点角位移，每个结点只有一个未知数。

(2)单元刚度矩阵是 2×2 阶的矩阵，且不需要进行坐标变换。

(3)结构的总刚是三对角矩阵，便于组集。

(4)连续梁的支承条件只需考虑左、右端两个。

本章对结构总刚仍采用等带宽储存(带宽为2)，并增加以下内容：

(1)同时计算多种荷载工况作用下的结点位移和杆端内力。

(2)求各单元杆端内力(Q、M)和任意指定截面的内力(Q_C、M_C)影响线。

第二节 ＞ 连续梁的主要标识符和程序结构

如图 4-1 所示连续梁，共有 n 个结点，$n-1$ 个单元。对左、右端的支承条件采用"后处理"时，单元和结点编号如图 4-1 所示。因为连续梁的基本未知量为结点的角位移，所以整个结构的位移列阵为 $\{\Delta\} = [\varphi_1, \varphi_2, \cdots, \varphi_n]^T$，相应的结点荷载列阵为 $\{P\} = [P_1, P_2, \cdots, P_n]^T$，其中 P_i 为结点 i 上的综合结点弯矩值。结点角位移和结点弯矩均以顺时针方向为正。

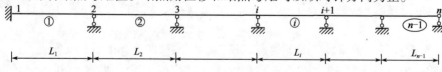

图 4-1

一、数组和变量标识符说明

为了便于表述和阅读 PAD 及程序,先对程序中使用的符号予以说明。

1.整型变量

n:结点总数,即结点位移总数。

ne:单元总数,$ne = n - 1$。

nw:总刚的带宽。对于连续梁,nw = 2。

jl:连续梁左端支承信息,jl = 1 为固定支座,jl = 0 为铰支座。

jr:连续梁右端支承信息,jr = 1 为固定支座,jr = 0 为铰支座。

nld:荷载工况数。当作影响线时,为 $P = 1$ 作用的分点数。

kc:作指定跨的跨中内力影响线的单元号。若 kc = i,则作第 i 跨 C 截面的 Q、M 影响线,如图 4-2 所示;若 kc = 0,则不作跨中截面的影响线。

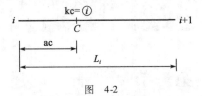

图 4-2

npj、npe:每一种荷载工况下的有结点荷载作用的结点数和有非结点荷载作用的单元数。

kw:控制输出信息。若 kw = 0,则将读入的荷载信息输出,否则不输出。

2.实型变量

fqcl、fqcr:跨中 C 点左、右截面的剪力。

fmc:跨中 C 截面的弯矩值。

ac:跨中 C 点距该跨左端的长度。

3.整型数组

inposition[20]:指针数组,用于读取数据文件时确定位置。

mj[m1]:存放任一荷载工况下具有结点集中弯矩作用的结点号。m1 取 nld 个荷载工况下 npj 的最大值。

mf[m2]、idn[m2]:存放任一种荷载工况下具有非结点荷载作用的单元号和荷载类型号。m2 取 nld 个 npe 的最大值。

4.实型数组

ei[ne]、al[ne]、eil[ne]:存放各单元的抗弯模量 EI、杆长 L 和线刚度 $i = \dfrac{EI}{L}$ 值。

$r[n][2]$:存放等带宽总刚。

$p[n][nld]$:存放 nld 种荷载工况下的综合结点荷载(弯矩)向量,解方程后存放结点角位移。

qj[m1]:存放任一种荷载工况下结点荷载(集中弯矩)的值,m1 的意义同上。

aq[m2]、bq[m2]、q1[m2]、q2[m2]:存放任一种荷载工况下的 a、b、$q1$、$q2$ 值。m2 意义同上。

fq[ne][2]:各单元的杆端剪力 Q_i、Q_j。

fm[ne][2]:各单元的杆端弯矩 M_i、M_j。

ff[6]:存放非结点荷载作用下单元固端力的 6 个分量 N_{Fi}、Q_{Fi}、M_{Fi}、N_{Fj}、Q_{Fj}、M_{Fj} 的值。

二、程序结构的 PAD 设计

对连续梁结构的模块划分与刚架和桁架大致相同,只是减少了一些不必要的小模块,如坐标转换、求单刚及定位向量等,增加了同时计算多种荷载工况的功能。参照前两章的程序结构,并根据本章的特点和要求,给出连续梁静力分析的程序结构 PAD 设计如图 4-3 所示。

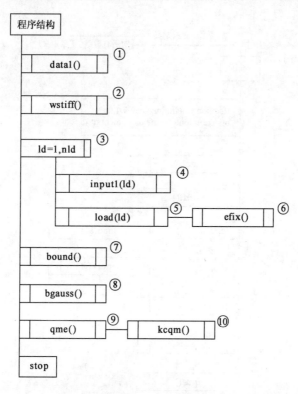

图 4-3　连续梁静力分析的程序结构

说明:

①号框:子程序 data1 只输入控制变量以及材料、杆长等有关的常量值,与荷载的具体值无关。

②号框:直接形成等带宽总刚 $r[n][2]$。

③号框:对荷载工况进行循环,以形成各种荷载工况下的荷载向量 $p[n][nld]$。

④号框:输入与第 ld 种荷载工况有关的信息和荷载值。

⑤号框:形成第 ld 种荷载工况的荷载向量 $p[n][ld]$。

⑥号框:求第 ld 种荷载工况引起的单元固端力。

⑦号框:对 $r[n][2]$ 和 $p[n][nld]$ 进行修正以引入左、右端的支承条件。

⑧号框:引入等带宽高斯消元法解方程。注意右端列向量为 nld 个。

⑨号框:求各单元在各种荷载工况作用下的杆端力 $[Q_i,M_i,Q_j,M_j]^T$。

⑩号框:求指定跨中截面的 Q_C、M_C 值。

第三节　➤　主程序 main 及子程序 data1 和 wstiff

一、连续梁主程序的 PAD 设计

由前两章可知,将程序结构中的骨架部分取出,即为主程序的 PAD 设计,如图 4-4 所示,相应的主程序段参见源程序。

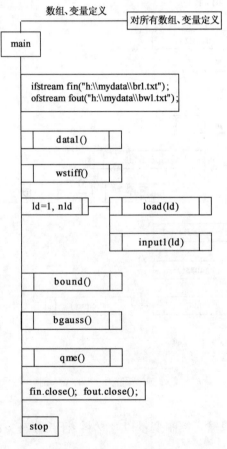

图 4-4　主程序的 PAD 设计

说明:

(1)与荷载工况无关的常量值和控制数据由子程序 data1 在数据文件 br1. txt 中读入而与荷载有关的各值由子程序 input1 在数据文件 br1. txt 中读入。

(2)数据文件 br1. txt 中与荷载有关的值在形成荷载向量 $\boldsymbol{p}[n][nld]$ 时被读入了一遍,而在子程序 qme 中将再次被读入。因此,程序中引入指针变量,当第一次读入完成以后,将指针指向数据文件中与荷载有关的各值的开始处,以便下次读取。

二、控制数据及材料常数等的输入——子程序 data1

在 data1 中需要输入的控制参数有结点数 n、单元数 $ne = n - 1$、带宽值 nw(=2)、左、右端支承信息 jl、jr；荷载工况数 nld、控制信息 kw(=0)，以及待作跨中截面内力影响线的单元号 kc 和位置 ac。另外，还应输入各单元的杆长 L、EI 值，并由此计算出各单元的线刚度 $i = EI/L$。子程序 data1 的 PAD 设计如图 4-5 所示，相应的程序段参见源程序。

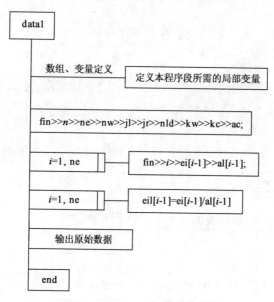

图 4-5　子程序 data1 的 PAD 设计

三、等带宽总刚的组集——子程序 wstiff

连续梁单元的单元刚度矩阵为 2×2 阶矩阵。对于任意单元ⓔ，设其线刚度为 $i_e(= EI/L)$，则其单元刚度矩阵为：

$$[\boldsymbol{K}]^{ⓔ} = \begin{bmatrix} 4i & 2i \\ 2i & 4i \end{bmatrix}^{ⓔ} = \begin{bmatrix} 4i_e & 2i_e \\ 2i_e & 4i_e \end{bmatrix}$$

对于具有 n 个结点的连续梁，结构的总刚以方阵储存时为三对角线形式，如图 4-6 所示。

$$[\boldsymbol{R}] = \begin{bmatrix} 4i_1 & 2i_1 & & & & & \\ 2i_1 & 4i_1+4i_2 & 2i_2 & & & & \\ & 2i_2 & 4i_2+4i_3 & \ddots & & & \\ & & \ddots & \ddots & & & \\ & & & & 4i_{n-3}+4i_{n-2} & 2i_{n-2} & \\ & & & & 2i_{n-2} & 4i_{n-2}+4i_{n-1} & 2i_{n-1} \\ & & & & & 2i_{n-1} & 4i_{n-1} \end{bmatrix}$$

图　4-6

由图 4-6 可见，矩阵 $[\boldsymbol{R}]$ 的带宽值 nw = 2，其对应的等带宽矩阵 $[\boldsymbol{R}]^*$ 如图 4-7 所示。

$$
[\boldsymbol{R}]^{*}=\begin{bmatrix} 4i_1 & 2i_1 \\ 4i_1+4i_2 & 2i_2 \\ 4i_2+4i_3 & 2i_3 \\ \cdots & \cdots \\ 4i_{n-3}+4i_{n-2} & 2i_{n-2} \\ 4i_{n-2}+4i_{n-1} & 2i_{n-1} \\ 4i_{n-1} & 0 \end{bmatrix}
$$

图 4-7

从图 4-7 中可以看出，$[\boldsymbol{R}]^{*}$ 中的元素存在下述规律：

$$
\left.\begin{aligned}
&\boldsymbol{R}_{11}^{*}=4i_1,\boldsymbol{R}_{12}^{*}=2i_1\\
&\boldsymbol{R}_{n1}^{*}=4i_{n-1},\boldsymbol{R}_{n2}^{*}=0\\
&\left.\begin{aligned}&\boldsymbol{R}_{k1}^{*}=4\times(i_{k-1}+i_k)\\&\boldsymbol{R}_{k2}^{*}=2i_k\end{aligned}\right\}(k=2,3,\cdots,n-1)
\end{aligned}\right\}\qquad(4\text{-}1)
$$

由式(4-1)可给出子程序 wstiff 的 PAD 设计，如图 4-8 所示，相应的程序段参见源程序。

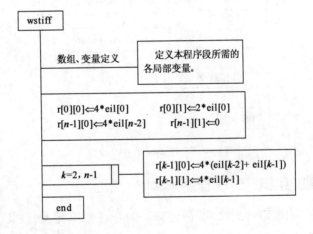

图 4-8　子程序 wstiff 的 PAD 设计

第四节 ➤ 形成结点荷载向量及其相关子程序 ——input1、load、efix

由第一章可知，综合结点荷载向量等于直接结点荷载向量与等效结点荷载向量之和，即：

$$\{P\}=\{P_{\mathrm{D}}\}+\{P_{\mathrm{E}}\}$$

对于连续梁而言，结点荷载仅为弯矩值。所以，对于结点 i，应有：

$$M_i=M_{\mathrm{D}i}+M_{\mathrm{E}i}\qquad(4\text{-}2)$$

设连续梁共受 nld 种荷载工况的作用，对于任一荷载工况(设为第 ld 种)，先将其对应的结点荷载和非结点荷载的信息及有关数值由子程序 input1 输入；再由子程序 load 根据 input1 输入的信息和数值，形成第 ld 种荷载工况的结点荷载向量 $\boldsymbol{p}[n][\mathrm{ld}]$。其中对于非结点荷载引起的单元固端力 $\{F_{\mathrm{F}}\}$ 的计算由子程序 load 调用子程序 efix 完成。对所有 nld 种荷载工况进行循环,即可得到各种荷载工况下的结点荷载向量,并将其一并存入二维数组 $p[n][nld]$ 中。

下面分别给出 input1、load 和 efix 的 PAD 设计。

一、荷载信息输入——子程序 input1

对于第 ld 种荷载工况,设共有 npj 个结点上有集中弯矩作用,以 $mj[npj]$ 和 $qj[npj]$ 分别记录这些结点的结点号和结点弯矩值;同时设连续梁上有 npe 个单元上作用有非结点荷载,以 $mf[npe]$ 记录这些单元的单元号,以 $ind[npe]$、$aq[npe]$、$bq[npe]$、$ql[npe]$ 和 $q2[npe]$ 分别记录这些非结点荷载的类型及 a、b、q_1、q_2 值。以上各数值均在子程序 input1 中读入。input1 的 PAD 设计如图 4-9 所示,相应的程序段参见源程序。

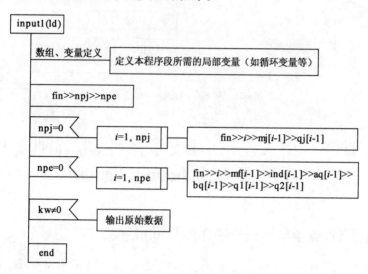

图 4-9　子程序 input1 的 PAD 设计

二、形成综合结点荷载——子程序 load

对于第 ld 种荷载工况,当由子程序 input1 读入结点荷载和非结点荷载以后,即可由此形成该荷载工况的综合结点荷载向量 $p[n][ld]$。其中在求等效结点荷载时,各个具有非结点荷载作用的单元的固端力由子程序 efix 完成计算。子程序 load 的 PAD 设计如图 4-10 所示,相应的程序段参见源程序。

三、求单元固端力——子程序 efix

本章将连续梁单元在梁上荷载作用下的固端力向量:
$$\{F_F\}^e = [N_{Fi}^e, Q_{Fi}^e, M_{Fi}^e, N_{Fj}^e, Q_{Fj}^e, M_{Fj}^e]$$
仍存入数组 $ff[6]$ 中,因此,可以直接应用第二章的子程序 efix(去掉求表 2-3 中第 6、7 类荷载引起的固端力的相应语句),其 PAD 设计从略,程序段参见源程序。

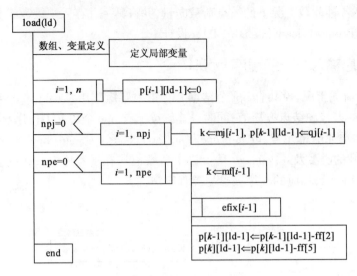

图 4-10　子程序 load 的 PAD 设计

第五节 ➤　引入左、右端支承条件，求解刚度方程
——子程序 bound、bgauss

一、引入左、右端支承条件——子程序 bound

通常连续梁结构只有左、右两端的支承条件需要考虑。对于固定支座，采用"主 1 付 0 法"处理，当为铰支时，则不需处理。支承信息 jl、jr 已在子程序 data1 中输入：

$$jl = \begin{cases} 1, 左端固定 \\ 0, 左端铰支 \end{cases} ; jr = \begin{cases} 1, 右端固定 \\ 0, 右端铰支 \end{cases}$$

总刚等带宽储存的"主 1 付 0 法"已在第三章第五节中进行了介绍。对于连续梁结构，带宽值 nw = 2，且已知是对第 1 号和第 n 号结点进行处理，因此当连续梁左右端均为固定支座时，只需对 $[R]^*$ 中的元素进行如下处理，如图 4-11 所示。

$$\begin{bmatrix} 1 & 0 \\ \times & \times \\ \times & \times \\ \vdots & \vdots \\ \times & \times \\ \times & 0 \\ 1 & 0 \end{bmatrix} \begin{Bmatrix} \delta_1 \\ \delta_2 \\ \delta_3 \\ \vdots \\ \delta_{n-2} \\ \delta_{n-1} \\ \delta_n \end{Bmatrix} = \begin{Bmatrix} 0 & 0 & \cdots & 0 \\ \times & \times & \cdots & \times \\ \times & \times & \cdots & \times \\ \vdots & \vdots & \ddots & \vdots \\ \times & \times & \cdots & \times \\ \times & \times & \cdots & \times \\ 0 & 0 & \cdots & 0 \end{Bmatrix}_{n \times nld}$$

$[R]^* \quad \{\varDelta\} \qquad [P]$

图　4-11

因为刚度方程的右端有 nld 个列向量，于是，在用"主 1 付 0 法"对荷载向量进行处理时，应同时对 nld 个列向量进行修正。根据以上分析，可给出子程序 bound 的 PAD 设计，如图 4-12 所示。相应的程序段参见源程序。

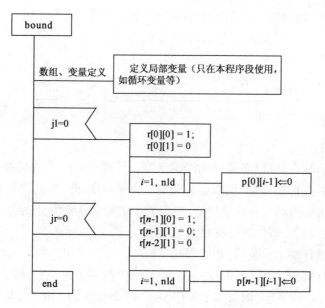

图 4-12　子程序 bound 的 PAD 设计

二、刚度方程的求解——子程序 bgauss

等带宽储存总刚时的高斯消元法已在第三章第六节中给予了介绍,当 nw = 2 时,可以引用相应的子程序。注意到在刚度方程的右端列向量为 nld 个,因此,应把第三章的子程序 bgauss 中对荷载分量的修正改为同时对 nld 个分量进行修正。此处的 PAD 设计从略,相应的程序段参见源程序。

第六节 ➤ 　求各单元最后杆端力——子程序 qme

当求出 nld 种荷载工况下的结点角位移 $p[n][\text{nld}]$ 后,即可进一步求解各荷载工况下的最后杆端力。对于任意单元ⓔ,有:

$$\{F\}^{ⓔ} = \{F\}^{ⓔ}_{松} + \{F\}^{ⓔ}_{固} \tag{4-3}$$

式中:$\{F\}^{ⓔ}_{松}$——由结点位移算出的杆端力;

$\{F\}^{ⓔ}_{固}$——梁上的荷载引起的固端力。

设对于第 ld(ld = 1,2,…,nld) 种荷载工况,因为其对应的结点角位移 $p[n][\text{ld}]$ 已经求出,于是,对于任意ⓔ单元(ⓔ单元的左、右端结点号分别为 e 和 $e+1$),放松状态下的杆端弯矩即可由下式求出:

$$\begin{Bmatrix} M_e \\ M_{e+1} \end{Bmatrix}^{ⓔ}_{松} = \begin{bmatrix} 4i_e & 2i_e \\ 2i_e & 4i_e \end{bmatrix} \begin{Bmatrix} P[e][\text{ld}] \\ P[e+1][\text{ld}] \end{Bmatrix} \tag{4-4}$$

而杆端剪力也可相应求出:

$$\left. \begin{aligned} Q^{ⓔ} &= (M^{ⓔ} + M^{ⓔ}_{e+1})/L_e \\ Q^{ⓔ}_{e+1} &= -Q^{ⓔ}_{e} \end{aligned} \right\} \tag{4-5}$$

此处,仍规定剪力沿 y 轴正向时为正,杆端弯矩以绕杆端顺时针方向为正,如图 4-13 所示。

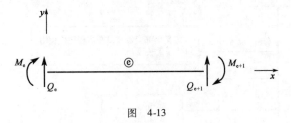

图 4-13

对于单元ⓔ的固端力,应根据第 ld 种荷载工况下该杆上的荷载情况而求得。若该杆上无荷载,则 $\{F\}_{固}^{ⓔ}=0$;若有荷载作用,则根据荷载类型由子程序 efix 求其固端力(存于 ff[6]中)。由于子程序 efix 求出的固端力有 6 个分量,应取其中的第 2、3、5、6 个分量分别与放松状态的 $Q_e^{ⓔ}$、$M_e^{ⓔ}$、$Q_{e+1}^{ⓔ}$ 和 $M_{e+1}^{ⓔ}$ 相加,即得最后杆端力。

当ⓔ单元的最后杆端力求出后,还应判断是否还需求该单元跨中某截面的内力,这可由控制信息 kc 的值而定(kc 值在 data1 中读入)。若 kc = 0,则不求跨中截面的内力;若 kc(0,则应判断是否有 kc = ⓔ,若 kc = ⓔ,则调用子程序 kcqm 求 kc 跨(即ⓔ单元)某指定截面的内力 Q 和 M 值。若 kc 去ⓔ,则继续对单元循环。如此即可求出第 ld 种荷载工况引起的各单元杆端力和指定截面的内力。再对荷载工况循环,即得到各种荷载工况下的相应值。

子程序 qme 的 PAD 设计如图 4-14 所示,相应的程序段参见源程序。

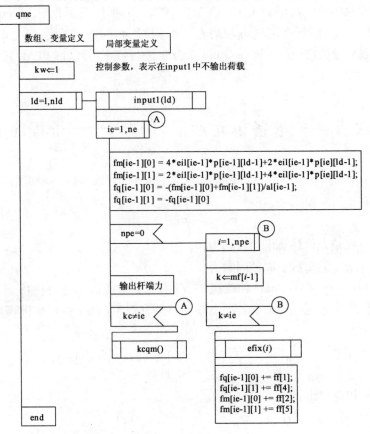

图 4-14 子程序 qme 的 PAD 设计

说明：

（1）由于各种荷载工况下的荷载值及其有关信息是通过调用子程序 input1 在数据文件 br1. txt 中读入的，在形成各种荷载工况下的荷载向量 $p[n][nld]$ 时，数据文件 br1. txt 中相关部分已被读过一遍，而在子程序 qme 中求任一荷载工况下的固端力时，又需要重新读入一遍相应的值。因此，在第一次读入完成后利用指针数组找到起始点，重新读入。

（2）若求各单元杆端内力的影响线和某指定跨指定截面的内力影响线时，则荷载工况数 nld 的值为 $P=1$ 的作用点数，即全梁范围内跨中的分点数。

第七节 ▶ 求某单元指定截面的内力影响线——子程序 kcqm

设要计算第 kc 跨跨中 C 截面的剪力 Q_C 和弯矩 M_C。对于第 ld 种荷载工况，kc 单元的杆端最后内力已经求出。对 kc 单元取出隔离体，该单元的杆端力如图 4-15a）所示。

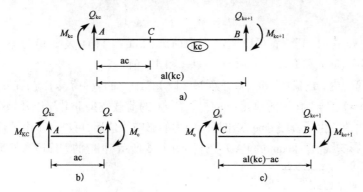

图 4-15

C 截面的内力除与杆端力有关外，还与作用在其上的横向荷载有关。可以根据作用在该单元上的荷载类型以及相应的荷载值，编制出计算 C 截面实际内力的子程序。此步工作可作为练习，编出相应的计算程序。本章只给出在单位移动荷载作用下，求 C 截面的剪力和弯矩影响线量值的程序设计。

在求 C 截面剪力和弯矩影响线量值时，仍按习惯上规定：剪力 Q_C 以绕着隔离体顺时针方向为正弯矩 M_C 以使梁下侧纤维受拉为正。

求 Q_C、M_C 值可分 $P=1$ 在 kc 跨和不在 kc 跨考虑。

（1）$P=1$ 不在 kc 跨

由于 kc 跨上无荷载，由图 4-15b）可得：

$$\left.\begin{array}{l} Q_C = Q_{kc} \\ M_C = M_{kc} + Q_{kc} \cdot ac \end{array}\right\} \tag{4-6a}$$

（2）$P=1$ 在 kc 跨

此时又可分为 $P=1$ 在 AC 段、CB 段和 C 上 3 种情况考虑。

①$P=1$ 在 AC 段时，取 BC 段为隔离体，如图 4-15c）所示，有：

$$\left.\begin{array}{l} Q_C = -Q_{kc+1} \\ M_C = -M_{kc+1} + Q_{kc+1} \cdot [al(kc) - ac] \end{array}\right\} \tag{4-6b}$$

②$P = 1$ 在 CB 段时,取 AC 段为隔离体,如图 4-15b)所示,有:

$$\left.\begin{array}{l} Q_C = Q_{kc} \\ M_C = M_{kc} + Q_{kc} \cdot ac \end{array}\right\} \tag{4-6c}$$

③$P = 1$ 在 C 点时,此时 C 截面的剪力值有突变,应分为左右截面考虑。

当 $P = 1$ 在 C 左截面时,取 CB 段为隔离体,可得:

$$Q_{C左} = -Q_{kc+1}$$

当 $P = 1$ 在 C 右截面时,取 AC 段为隔离体,可得:

$$Q_{C右} = Q_{kc}$$

而无论 $P = 1$ 在 C 左截面或 C 右截面,总有:

$$M_C = M_{kc} + Q_{kc} \cdot ac$$

综合起来得:

$$\left.\begin{array}{l} Q_{C左} = -Q_{kc+1} \\ Q_{C右} = Q_{kc} \\ M_C = M_{kc} + Q_{kc} \cdot ac \end{array}\right\} \tag{4-6d}$$

当 $P = 1$ 在 kc 跨时,其位置可以通过集中荷载的 aq(1) 值(表 2-3)与 ac 的值比较而定。程序中分别用 fqcl、fqcr 和 fmc 来表示 $Q_{C左}$、$Q_{C右}$ 和 M_C 值。

在作 kc 跨跨中内力的影响线时,对任意 ld(ld $= 1, 2, \cdots$, nld) 种荷载工况,在 input1 中输入以下信息:npj $= 0$、npe $= 1$、$P = 1$ 作用的单元号 mf[1],$P = 1$ 的荷载类型 ind[1] 以及该荷载的 aq[1]、bq[1]、$q1$[1],$q2$[1] 值。由子程序 qme 求出杆端内力的影响线值后,可进一步由子程序 kcqm 求跨中指定截面的内力影响线值。kcqm 的 PAD 设计如图 4-16 所示,相应的程序段参见源程序。

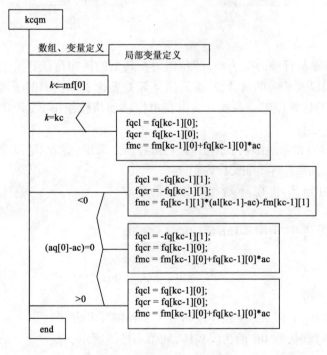

图 4-16 子程序 kcqm 的 PAD 设计

第八节 ➤ 连续梁计算的源程序及算例

根据以上各节的 PAD 设计,用 VC 编写了连续梁静力分析的源程序 beam。下面对程序的功能和程序使用中的一些规定说明如下:

一、程序的功能

(1)能直接计算表 2-3 中第 1~5 种和第 8 种荷载引起的结点位移和杆端内力值。

(2)能同时计算多种荷载工况的位移和内力。

(3)能计算各单元杆端剪力和弯矩以及任意指定截面的内力影响线值。

(4)能直接对连续梁左、右端的支承条件进行处理。

二、关于程序使用中的规定和说明

(1)连续梁各单元必须是均质等截面直杆。

(2)程序中各数组的大小可以根据实际应用中的情况进行调整。

(3)程序中使用的数组分量编号均从 0 开始,比如数组 jl[ne]第一个分量为 jl[0],最后一个分量为 jl[ne-1]。

三、连续梁静力分析源程序—— beam

```
// = = = = = = = = = = = = = = = = = = = = = =
// Structural Analysis Program for Continous Beam
// = = = = = = = = = = = = = = = = = = = = = =
#include < iostream >
#include < fstream >
#include < math. h >
#include < iomanip >


using namespace std;
short n,ne,nw,jl,jr,ld,nld,kw,kc,npj,npe;
double ac;
double al[20],ei[20];
double eil[20],r[21][2],p[21][60];
double fq[20][2],fm[20][2],qj[20],ff[6];
short mj[20],mf[20],ind[20];
double aq[20],bq[20],q1[20],q2[20];
streampos inposition[100];


void data1();
```

```
void wstiff( );
void input1( short ld);
void load( short ld);
void efix( short i);
void bound( );
void bgauss( );
void qme( );
void kcqm( );

ifstream fin( "h:\\mydata\\br1.txt");
ofstream fout( "h:\\mydata\\bw1.txt");


// = = = = = = = = = = = = = =
//Main Prpgram
// = = = = = = = = = = = = = =
void main( )
{
    data1( );
    wstiff( );
    ld = 1;
    while ( ld < = nld)
{
        fin. seekg( 0, ios::cur);
        inposition[ ld - 1] = fin. tellg( );
        input1( ld);
        load( ld);
        ld + = 1;
        }
    bound( );
    bgauss( );
    qme( );
cout << "求解完毕,请到指定文件查看结果!";

fin. close( );
fout. close( );
    }
// = = = = = = = = = = = = = = = = = = = = = = = = = = = = = = = =
//SUB - - 1   Read And Print Control Data
// = = = = = = = = = = = = = = = = = = = = = = = = = = = = = = = =
```

```cpp
void data1( )
{
    short i;
    if ( kc = = 0 )
    {
        fout << "Analysis Of Continous Beam Structures " << endl;
    }
    else
    {
        fout << "Influence Line Values Of Internal Force" << endl;
    }
    fout << " * * * * * * * * * * * * * * * * * * * * * * * * * * * *" << endl;
    fout << "Input Data" << endl;
    fout << " = = = = = = = = = = = = = = = = =" << endl;
    fout << "Control Data" << endl;
    fout << " - - - - - - - - - - - - - - - - - - - - - - - - - - -" << endl;
    fout << "n" << setw(8) << "ne" << setw(8) << "nw" << setw(8) << "jl" << setw
(8) << "jr" << setw(8) << "nld" << setw(8) << "kw" << setw(8) << "kc" << setw(8) << "
ac" << endl;
    fin >> n >> ne >> nw >> jl >> jr >> nld >> kw >> kc >> ac;
    fout << n << setw(8) << ne << setw(8) << nw << setw(8) << jl << setw(8) << jr << setw
(8) << nld << setw(8) << kw << setw(8) << kc << setw(8) << ac << endl;
    fout << endl;

    fout << "Element Information " << endl;
    fout << " - - - - - - - - - - - - - - - - - - - - - - - - - - - - - - -" <
< endl;
    fout << "ELe. No. " << setw(8) << "EI" << setw(9) << "L" << setw(12) << "EI/L"
<< endl;
    for( i = 1; i < = ne; i ++ )
    {
        fin >> i >> ei[ i - 1 ] >> al[ i - 1 ];
        eil[ i - 1 ] = ei[ i - 1 ]/al[ i - 1 ];
        fout << i << setw(14) << ei[ i - 1 ] << setw(9) << al[ i - 1 ] << setw(12) << eil
[ i - 1 ] << endl;
    }
    fout << endl;
}
// = = = = = = = = = = = = = = = = = = = = = = = = = = = = = = = = = = = = = = =
```

```
//SUB – –2    Assemble Structural Stiffness Matrix[ R ] ( Strored As a Banded Matrix )
// = = = = = = = = = = = = = = = = = = = = = = = = = = = = = = = = = = = = = =
void wstiff( )
{
short k;
    r[0][0] =4 * eil[0];
    r[0][1] =2 * eil[0];
    r[n –1][0] =4 * eil[n –2];
    r[n –1][1] =0. ;
    for( k =2;k < =n –1;k ++ )
{

        r[k –1][0] =4 * ( eil[k –2] + eil[k –1] );
        r[k –1][1] =2 * eil[k –1];

    }

}
// = = = = = = = = = = = = = = = = = = = = = = = = = = = = = = = = = = = = = =
//SUB – –3    Read And Print Loading Information
// = = = = = = = = = = = = = = = = = = = = = = = = = = = = = = = = = = = = = =
void input1( short ld )
{

    short i;
    fin >> npj >> npe;
    if ( npj!  =0 )
    {
      for( i =1;i < =npj;i ++ )
      {
        fin >> i >> mj[i –1] >> qj[i –1];
      }
    }
    if ( npe!  =0 )
    {
      for( i =1;i < =npe;i ++ )
      {
        fin >> i >> mf[i –1] >> ind[i –1] >> aq[i –1] >> bq[i –1] >> q1[i –1] >>
q2[i –1];
      }
    }
    if ( kw = =0 )
    {
```

```
        fout << " Number Of Loading Condition    ld = " << ld << endl;
          fout << " - - - - - - - - - - - - - - - - - - - - - - - - - " << endl;
        fout << "结点荷载数" << setw(28) << "非结点荷载作用单元数" << endl;
        fout << setw(4) << npj << setw(24) << npe << endl;
        fout << endl;
        fout << " Nodal Loads" << endl;
          fout << " - - - - - - - - - - - - - - - - - - - - - - - - " << endl;
        fout << " NO. " << setw(8) << "mj" << setw(8) << "qj" << endl;
        for( i = 1 ; i < = npj ; i ++ )
        {
            fout << i << setw(9) << mj[ i - 1 ] << setw(9) << qj[ i - 1 ] << endl;
        }
        fout << endl;
        fout << " Element Loads" << endl;
          fout << " - - - - - - - - - - - - - - - - - - - - - - - - - " << endl;
        fout << " NO. " << setw(7) << "mf" << setw(8) << "ind" << setw(8) << "aq" <<
setw(8) << "bq" << setw(8) << "q1" << setw(8) << "q2" << endl;
        for( i = 1 ; i < = npe ; i ++ )
        {
            fout << i << setw(8) << mf[ i - 1 ] << setw(8) << ind[ i - 1 ] << setw(9) << aq[ i
- 1 ] << setw(8) << bq[ i - 1 ] << setw(8) << q1[ i - 1 ] << setw(8) << q2[ i - 1 ] << endl;
        }
        fout << endl;
    }
}
// = = = = = = = = = = = = = = = = = = = = = = = = = = = = = = = = = = = = = = = = =
//SUB - - 4    Set Up the Total Nodal Vector  { P( n , ld) }
// = = = = = = = = = = = = = = = = = = = = = = = = = = = = = = = = = = = = = = = = =
void load( short ld)
{
    short i,   k;

    for( i = 1 ; i < = n ; i ++ )
    {
      p[ i - 1 ][ ld - 1 ] = 0;
    }
    if ( npj ! = 0 )
    {
      for( i = 1 ; i < = npj ; i ++ )
```

```
                        {
                          k = mj[ i - 1 ] ;
                          p[ k - 1 ][ ld - 1 ] = qj[ i - 1 ] ;
                        }
                    }
                    if ( npe!  = 0 )
                    {
                        for( i = 1 ; i < = npe ; i ++ )
                        {
                          k = mf[ i - 1 ] ;
                          efix( i ) ;
                          p[ k - 1 ][ ld - 1 ] - = ff[ 2 ] ;
                          p[ k ][ ld - 1 ] - = ff[ 5 ] ;
                        }
                    }
                }
// = = = = = = = = = = = = = = = = = = = = = = = = = = = = = = = = = = = = = = = =
//SUB - - 5   Calculate Element Fixed - end Forces { FF }
// = = = = = = = = = = = = = = = = = = = = = = = = = = = = = = = = = = = = = = = =
void efix( short i )
{
    short j,   k ;
    double a,   b,   sl ;
    double p1,   p2 ;
    double b1,   b2,   b3 ;
    double c1,   c2,   c3 ;
    double d1,   d2 ;

    for( j = 1 ; j < = 6 ; j ++ )
    {
        ff[ j - 1 ] = 0 ;
    }
    k = mf[ i - 1 ] ;
    sl = al[ k - 1 ] ;
    a = aq[ i - 1 ] ;
    b = bq[ i - 1 ] ;
    p1 = q1[ i - 1 ] ;
    p2 = q2[ i - 1 ] ;
    b1 = sl - ( a + b )/2 ;
```

```
b2 = b - a;
b3 = (a + b)/2;
c1 = sl - (2 * b + a)/3;
c2 = b2;
c3 = (2 * b + a)/3;
d1 = pow(b,3) - pow(a,3);
d2 = b * b - a * a;
switch (ind[i - 1])
{
    case 1:
    {
        ff[1] = - p1 * (sl - a) * (sl - a) * (1 + 2 * a/sl)/pow(sl,2);
        ff[2] = p1 * a * (sl - a) * (sl - a)/pow(sl,2);
        ff[4] = - p1 - ff[1];
        ff[5] = - p1 * a * a * (sl - a)/pow(sl,2);
        break;
    }
    case 2:
    {
        ff[1] = - p1 * b2 * (12 * pow(b1,2) * sl - 8 * pow(b1,3) + pow(b2,2) * sl - 2
    * b1 * pow(b2,2))/(4 * pow(sl,3));
        ff[2] = p1 * b2 * (12 * b3 * pow(b1,2) - 3 * b1 * pow(b2,2) + pow(b2,2) *
    sl)/(12 * pow(sl,2));
        ff[4] = - p1 * b2 - ff[1];
        ff[5] = - p1 * b2 * (12 * pow(b3,2) * b1 + 3 * b1 * pow(b2,2) - 2 * pow(b2,
    2) * sl)/(12 * pow(sl,2));
        break;
    }
    case 3:
    {
        ff[1] = - p2 * c2 * (18 * pow(c1,2) * sl - 12 * pow(c1,3) + pow(c2,2) * sl - 2
    * c1 * pow(c2,2) - 4 * pow(c2,3)/45/ (12 * pow(sl,3));
        ff[2] = p2 * c2 * (18 * c3 * pow(c1,2) - 3 * c1 * pow(c2,2) + pow(c2,2) * sl -
    2 * pow(c2,3)/15)/36/pow(sl,2);
        ff[4] = - 0.5 * p2 * c2 - ff[1];
        ff[5] = - p2 * c2 * (18 * pow(c3,2) * c1 + 3 * c1 * pow(c2,2) - 2 * pow(c2,2)
    * sl + 2 * pow(c2,3)/15)/36/pow(sl,2);
        break;
    }
```

```
    case 4：
        {
            ff[1] = -6 * p1 * sl * (sl - a)/pow(sl,3);
            ff[2] = p1 * (sl - a) * (3 * a - sl)/pow(sl,2);
            ff[4] = -ff[2 - 1];
            ff[5] = p1 * a * (2 * sl - 3 * a)/pow(sl,2);
            break;
        }
    case 5：
        {
            ff[1] = -p1 * (3 * sl * d2 - 2 * d1)/pow(sl,3);
            ff[2] = p1 * (2 * d2 + (b - a) * sl - d1/sl)/sl;
            ff[4] = -ff[1];
            ff[5] = p1 * (d2 - d1/sl)/sl;
            break;
        }
    case 6：
        {
            ff[0] = -p1 * (1 - a/sl);
            ff[3] = -p1 * a/sl;
            break;
        }
    case 7：
        {
            ff[0] = -p1 * (b - a) * (1 - (b + a)/(2 * sl));
            ff[3] = -p1 * d2/2/sl;
            break;
        }
    case 8：
        {
            ff[2] = -a * (p1 - p2) * ei[k - 1]/b;
            ff[5] = -ff[2];
            break;
        }
    }
}
// = = = = = = = = = = = = = = = = = = = = = = = = = = = = = = = =
//SUB - -6   Introduce Support Conditions
// = = = = = = = = = = = = = = = = = = = = = = = = = = = = = = = = =
```

```c
void bound( )
{
    short i;
    if ( jl!  = 0 )
    {
        r[0][0] = 1;
        r[0][1] = 0;
        i = 1;
        while ( i < = nld )
        {
            p[0][i − 1] = 0. ;
            i + = 1;
        }
    }

    if ( jr!  = 0 )
    {
        r[n − 1][0] = 1;
        r[n − 1][1] = 0;
        r[n − 2][1] = 0;
        for( i = 1;i < = nld;i ++ )
        {
            p[n − 1][i − 1] = 0;
        }
    }
}
// = = = = = = = = = = = = = = = = = = = = = = = = = = = = = = = =
//SUB − − 7   Solve Equilibrium Equations
// = = = = = = = = = = = = = = = = = = = = = = = = = = = = = = = =
void bgauss( )
{
    short n1 ,m;
    short k ,im,k1;
    short i ,h;
    short jm,j;
double g;

    n1 = n − 1;
    k = 1;
    while ( k < = n1 )
```

```
    {
        im = k + nw - 1;
        if ( n < im ) im = n;
        k1 = k + 1;
        for( i = k1 ; i < = im ; i ++ )
        {
            h = i - k + 1;
            g = r[ k - 1 ][ h - 1 ] / r[ k - 1 ][ 0 ];
            for( ld = 1 ; ld < = nld ; ld ++ )
            {
                p[ i - 1 ][ ld - 1 ] + = - p[ k - 1 ][ ld - 1 ] * g;
            }
            jm = nw - h + 1;
            for( j = 1 ; j < = jm ; j ++ )
            {
                m = j + i - k;
                r[ i - 1 ][ j - 1 ] + = - r[ k - 1 ][ m - 1 ] * g;
            }
        }
        k + = 1;
    }
    for( ld = 1 ; ld < = nld ; ld ++ )
    {
        p[ n - 1 ][ ld - 1 ] / = r[ n - 1 ][ 0 ];
    }
    k = 1;
    while ( k < = n1 )
    {
        i = n - k;
        jm = k + 1;
        if ( nw < jm ) jm = nw;
        for( j = 2 ; j < = jm ; j ++ )
        {
            h = j + i - 1;
            for( ld = 1 ; ld < = nld ; ld ++ )
            {
                p[ i - 1 ][ ld - 1 ] + = - r[ i - 1 ][ j - 1 ] * p[ h - 1 ][ ld - 1 ];
            }
        }
    }
```

```
    for( ld = 1;ld < = nld;ld ++ )
    {
        p[ i - 1 ][ ld - 1 ]/ = r[ i - 1 ][ 0 ];
    }
    k + = 1;
}
fout << "Output Data" << endl;
fout << " = = = = = = = = = = = = = = = = = =" << endl;
for( ld = 1;ld < = nld;ld ++ )
{
    fout << "Number of loading conditions ld = " << ld << endl;
    fout << "Nodal Angular Routation" << endl;
    fout << " - - - - - - - - - - - - - - - - - - - - - - - - - - - -" << endl;
    fout << "Node No. " << setw( 15 ) << "fai" << endl;
    for( i = 1;i < = n;i ++ )
    {
        fout << i << setw( 22 ) << p[ i - 1 ][ ld - 1 ] << endl;
    }
    fout << endl;
}
}
// = = = = = = = = = = = = = = = = = = = = = = = = = = = = = = = = = = = = = = =
//SUB - -8    Member - -end Forces Of Elements
// = = = = = = = = = = = = = = = = = = = = = = = = = = = = = = = = = = = = = = =
void qme( )
{
    short ie,i,k;

    kw = 1;
    for( ld = 1;ld < = nld;ld ++ )
    {
        fin. clear( );
fin. seekg( inposition[ ld - 1 ],ios::beg);
        input1( ld );
        fout << "Member - end Forces of Elements ld = " << ld << endl;
        fout << " - - - - - - - - - - - - - - - - - - - - - - - - - - - -" << endl;
        fout << "Ele. No. " << setw( 9 ) << "qi" << setw( 18 ) << "mi" << setw( 20 ) <<
```

```
" q j" << setw(21) << " mj" << endl;
        for( ie = 1 ; ie < = ne ; ie ++ )
            {
            fm[ ie - 1 ][ 0 ] = 4 * eil[ ie - 1 ] * p[ ie - 1 ][ ld - 1 ] + 2 * eil[ ie - 1 ] * p[ ie ][ ld
- 1 ];
            fm[ ie - 1 ][ 1 ] = 2 * eil[ ie - 1 ] * p[ ie - 1 ][ ld - 1 ] + 4 * eil[ ie - 1 ] * p[ ie ][ ld
- 1 ];
            fq[ ie - 1 ][ 0 ] = - ( fm[ ie - 1 ][ 0 ] + fm[ ie - 1 ][ 1 ] )/al[ ie - 1 ] ;
            fq[ ie - 1 ][ 1 ] = - fq[ ie - 1 ][ 0 ] ;
            if ( npe = = 0 )
                {
                fout << ie << setw( 16 ) << fq[ ie - 1 ][ 0 ] << setw( 19 ) << fm[ ie - 1 ][ 0 ] <<
setw( 20 ) << fq[ ie - 1 ][ 1 ] << setw( 21 ) << fm[ ie - 1 ][ 1 ] << endl ;
                }

        else
        {
                i = 1 ;
                while ( i < = npe )
                {
                    k = mf[ i - 1 ] ;
                    if ( k = = ie )
                    {
                    efix( i ) ;
                    fq[ ie - 1 ][ 0 ] + = ff[ 1 ] ;
                    fq[ ie - 1 ][ 1 ] + = ff[ 4 ] ;
                    fm[ ie - 1 ][ 0 ] + = ff[ 2 ] ;
                    fm[ ie - 1 ][ 1 ] + = ff[ 5 ] ;
                    }
                    i + = 1 ;
                }
        }
            fout << ie << setw( 16 ) << fq[ ie - 1 ][ 0 ] << setw( 19 ) << fm[ ie - 1 ][ 0 ] << setw
( 20 ) << fq[ ie - 1 ][ 1 ] << setw( 21 ) << fm[ ie - 1 ][ 1 ] << endl ;
            if ( ie = = kc )
                {
                kcqm( ) ;
                }
```

```
        }
        fout << endl;
    }
}
```

// =
//SUB - -9   Calculate Influence Line Values of qc and mc of kc Element
// =

```
void kcqm( )
{
    short k;
double fqcl,fqcr,fmc;

    k = mf[ 0 ];
    if ( k = = kc) goto iLabel10;
    fqcl = fq[ kc - 1 ][ 0 ];
    fqcr = fq[ kc - 1 ][ 0 ];
    fmc = fm[ kc - 1 ][ 0 ] + fq[ kc - 1 ][ 0 ] * ac;
iLabel10: if ( ( aq[ 0 ] - ac) < 0 )
    {
        fqcl = - fq[ kc - 1 ][ 1 ];
        fqcr = - fq[ kc - 1 ][ 1 ];
        fmc = fq[ kc - 1 ][ 1 ] * ( al[ kc - 1 ] - ac) - fm[ kc - 1 ][ 1 ];
    }
else if ( ( aq[ 1 - 1 ] - ac) = = 0 )
    {
        fqcl = - fq[ kc - 1 ][ 1 ];
        fqcr = fq[ kc - 1 ][ 0 ];
        fmc = fm[ kc - 1 ][ 0 ] + fq[ kc - 1 ][ 0 ] * ac;
    }
else
    {
        fqcl = fq[ kc - 1 ][ 0 ];
        fqcr = fq[ kc - 1 ][ 0 ];
        fmc = fm[ kc - 1 ][ 0 ] + fq[ kc - 1 ][ 0 ] * ac;
    }
    fout << endl;
    fout << "kc = " << kc << setw( 10 ) << "ac = " << ac << setw( 15 ) << "fqcl = " << fqcl
```

```
<< setw(12) << "fqcr = " << fqcr << setw(12) << "fmc = " << fmc << endl;
    fout << endl;
}
```

四、上机算例

例 4-1　用程序 beam 计算图 4-17a)所示连续梁的杆端内力。已知各单元 $E = 3.2 \times 10^3 \text{kN/cm}^2, I = 1.0 \times 10^5 \text{cm}^4$,受三种荷载工况作用。

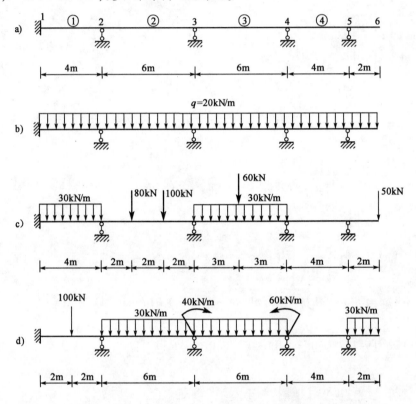

图　4-17

解:图示悬臂部分的荷载可以等效到结点 5 上来。由于结点集中力不引起结构的位移和内力,因此只考虑由悬臂部分的荷载等效到结点 5 上的集中弯矩的影响。(单位:kN,m)

1. 控制数据和材料常数

(1)控制数据。

结点总数 nn = 5 单元总数 ne = 4,总刚带宽值 nw = 2,左、右端支承信息 jl = 1,jr = 0,加载工况 nld = 3。控制输出信息 kw = 0,即将三种荷载工况的荷载情况(类型、大小等)输出以便检查;若取 kw = 1,则不输出。

因为不作影响线,故 kc = 0,ac = 0。

(2)各单元的 *EI* 和 *L* 值。

单元号 i	1	2	3	4
ei[i]值	3.2×10^4	6.4×10^4	6.4×10^4	3.2×10^4
al[i]值	4.0	6.0	6.0	4.0

以上数据为常量,不随荷载工况而变,在数据文件 br1. txt 中输入,根据 data1 中读入的顺序,各行输入的数据为:

5 4 2 1 0 3 0 0 0
1　32000　4
2　64000　6
3　64000　6
4　32000　4

2. 读入各荷载工况的荷载信息和数值

关于各种荷载工况的信息,可以根据子程序 input1 中读入的顺序,在数据文件 br1. txt 中输入。由于在主程序段中调用子程序 input1 时是对荷载工况循环的,因此 input1 中输入的是一种(第 ld 种)荷载工况的信息,即对每一种荷载工况,都应根据 input1 中读入的顺序重复输入相应的值。对于本例,荷载工况 nld = 3,按 input1 中读入的顺序准备如下。

(1)第一种荷载工况:结点荷载数 npj = 1,非结点荷载数 npe = 4。

①结点荷载

编号 i	结点编号 k = mj[i]	结点弯矩 M_d = q j[i]
1	5	40.0

②非结点荷载

编号 i	单元号 k = me[i]	ind[i]	aq[i]	bq[i]	$q1[i]$	$q2[i]$
1	1	2	0.0	4.0	−20	−20
2	2	2	0.0	6.0	−20	−20
3	3	2	0.0	6.0	−20	−20
4	4	2	0.0	4.0	−20	−20

(2)第二种荷载工况:npj = 1,npe = 5。

①结点荷载

编号 i	结点编号 k = mj[i]	结点弯矩 M_d = q j[i]
1	5	100.0

②非结点荷载

编号 i	单元号 k = me[i]	ind[i]	aq[i]	bq[i]	$q1$[i]	$q2$[i]
1	1	2	0.0	4.0	−30.0	−30.0
2	2	1	2.0	0.0	−80.0	0
3	2	1	4.0	0.0	−100.0	0
4	3	2	0.0	6.0	−30.0	−30.0
5	3	1	3.0	0.0	−60.0	0.0

（3）第三种荷载工况：npj = 3,npe = 3。

①结点荷载

编号 i	结点编号 k = mj[i]	结点弯矩 M_d = q j[i]
1	3	40.0
2	4	−60.0
3	5	60.0

②非结点荷载

编号 i	单元号 k = me[i]	ind[i]	aq[i]	bq[i]	$q1$[i]	$q2$[i]
1	1	1	2.0	0.0	−100.0	0.0
2	2	2	0.0	6.0	−30.0	−30.0
3	3	2	0.0	6.0	−30.0	−30.0

将以上三种荷载工况的荷载信息及荷载值按 input1 中的读入顺序在 br1. txt 中输入如下：

```
1  4
1  5  40
1  1  2  0  4  −20  −20
2  2  2  0  6  −20  −20
3  3  2  0  6  −20  −20
4  4  2  0  4  −20  −20
1  5
1  5  100
1  1  2  0  4  −30  −30
2  2  1  2  0  −80   0
3  2  1  4  0  −100  0
3  2  1  4  0  −100  0
4  3  2  0  6  −30  −30
5  3  1  3  0  −60   0
3  3
1  3  40
2  4  −60
3  5  60
```

```
1   1   1   2   0   -100    0
2   2   2   0   6   -30    -30
3   3   2   0   6   -30    -30
```

3. 结果输出——bw1.txt

Analysis Of Continous Beam Structures

* *
* * * *

Input Data

= = = = = = = = = = = = = = = = =

Control Data

– –

n	ne	nw	jl	jr	nld	kw	kc	ac
5	4	2	1	0	3	0	0	0

Element Information

– –

ELe. No.	EI	L	EI/L
1	32000	4	8000
2	64000	6	10666.7
3	64000	6	10666.7
4	32000	4	8000

Number Of Loading Condition   ld = 1

– –

结点荷载数	非结点荷载作用单元数
1	4

Nodal Loads

– –

No.	mj	qj
1	5	40

Element Loads

– –

No.	mf	ind	aq	bq	q1	q2
1	1	2	0	4	-20	-20
2	2	2	0	6	-20	-20
3	3	2	0	6	-20	-20
4	4	2	0	4	-20	-20

Number Of Loading Condition   ld = 2

- -

结点荷载数	非结点荷载作用单元数
1	5

Nodal Loads

- -

No.	mj	qj
1	5	100

Element Loads

- -

No.	mf	ind	aq	bq	q1	q2
1	1	2	0	4	−30	−30
2	2	1	2	0	−80	0
3	2	1	4	0	−100	0
4	3	2	0	6	−30	−30
5	3	1	3	0	−60	0

Number Of Loading Condition   ld = 3

- -

结点荷载数	非结点荷载作用单元数
3	3

Nodal Loads

- -

No.	mj	qj
1	3	40
2	4	−60
3	5	60

Element Loads

- -

No.	mf	ind	aq	bq	q1	q2
1	1	1	2	0	−100	0
2	2	2	0	6	−30	−30
3	3	2	0	6	−30	−30

Output Data

= = = = = = = = = = = = = = = = = =

Number of loading conditions ld = 1

Nodal Angular Rotation

- -

Node No.	fai
1	0
2	0.000433502
3	4.52441e−005
4	−0.000614478
5	0.000723906

Number of loading conditions ld = 2

Nodal Angular Rotation

- -

Node No.	fai
1	0
2	0.000821847
3	0.000665202
4	−0.00298786
5	0.00461893

Number of loading conditions ld = 3

Nodal Angular Rotation

- -

Node No.	fai
1	0
2	0.000195707
3	0.00119003
4	−0.00308081
5	0.0034154

Member − end Forces of Elements ld = 1

- -

Ele. No.	qi	mi	qj	mj
1	34.798	−19.7306	45.202	40.5387
2	54.8934	−40.5387	65.1066	71.1785

| 3 | 66.0718 | −71.1785 | 53.9282 | 34.7475 |
| 4 | 38.6869 | −34.7475 | 41.3131 | 40 |

Member – end Forces of Elements ld = 2

- -

Ele. No.	qi	mi	qj	mj
1	50.1378	−26.8504	69.8622	66.2991
2	69.3233	−66.2991	110.677	170.359
3	144.775	−170.359	95.2249	21.7088
4	−19.5728	−21.7088	19.5728	100

Member – end Forces of Elements ld = 3

- -

Ele. No.	qi	mi	qj	mj
1	47.6515	−46.8687	52.3485	56.2626
2	75.2189	−56.2626	104.781	144.949
3	110.168	−104.949	69.8316	−16.0606
4	−4.01515	−43.9394	4.01515	60

例 4-2 用本章程序 beam 计算图 4-18 所示连续梁各杆杆端内力和第 2 跨跨中 C 截面剪力和弯矩的影响线值,并绘出 C 截面的剪力和弯矩的影响线(各跨等分四段)。已知各单元 $E = 2.5 \times 10^3 \text{kN/cm}^2, I = 1.0 \times 10^5 \text{cm}^4$。

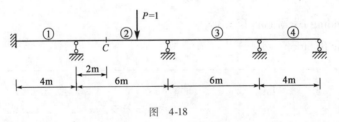

图 4-18

解:在作影响线时,荷载工况数为全梁的分点数。因为当 $P = 1$ 作用在支座上时,各梁内力为 0,故仅考虑 $P = 1$ 作用在各跨跨中时的分点数。当各梁均为四等分时,全梁的分点数为 12 个,但因 C 点不在分点上,故再增加一个分点,所以 nld = 13。而 kc = 2, ac = 2m。另外,在作影响线时,各荷载工况的荷载很简单(npj = 0, npe = 1,且为单位荷载 $P = 1$),因此,可以不把各工况的荷载输出,即可令 kw = l(≠0)。于是数据准备如下(单位:kN,m)。

1. 在子程序 data1 中需要读入的数据

(1)控制数据。

n	ne	nw	jl	jr	nld	kw	kc	ac
5	4	2	1	0	13	1	2	2.0

(2)各单元 EI、L 值。

i	$ei[i]$	$al[i]$
1	2.5×10^4	4.0
2	2.5×10^4	6.0
3	2.5×10^4	6.0
4	2.5×10^4	4.0

根据子程序 data1 中读入的顺序,在数据文件 br1.txt 中输入以下各行数据:

```
5  4  2  1  0  13  1  2  2
1  25000  4
2  25000  6
3  25000  6
4  25000  4
```

2. 读入各荷载工况的荷载信息及数据

在求影响线时,因为对于每一种荷载工况,均有 npj = 0, npe = 1,所以只需输入以下信息和数值:

(1)控制信息 npj = 0, npe = 1。

(2)荷载信息及数值:

编号 i	单元号 $k = me[i]$	$ind[i]$	$aq[i]$	$bq[i]$	$q1[i]$	$q2[i]$
1	$k = me[1]$	1	a	0	-1.0	0.0

其中 k 和 a 的值随着 $P = 1$ 的位置改变而改变。根据以上分析,在数据文件 br1.txt 中输入以下数据:

```
0  1
1  1  1  1    0  -1  0
0  1
1  1  1  2    0  -1  0
0  1
1  1  1  3    0  -1  0
0  1
1  2  1  1.5  0  -1  0
0  1
1  2  1  2    0  -1  0
0  1
1  2  1  3    0  -1  0
0  1
```

```
1   2   1   4.5   0   -1   0
0   1
1   3   1   1.5   0   -1   0
0   1
1   3   1   3   0   -1   0
0   1
1   3   1   4.5   0   -1   0
0   1
1   4   1   1   0   -1   0
0   1
1   4   1   2   0   -1   0
0   1
1   4   1   3   0   -1   0
```

3. 结果输出

程序运行后的结果文件打印如下：

Analysis Of Continous Beam Structures

* *

Input Data

= = = = = = = = = = = = = = = =

Control Data

– –

n	ne	nw	jl	jr	nld	kw	kc	ac
5	4	2	1	0	13	1	2	2

Element Information

– –

ELe. No.	EI	L	EI/L
1	25000	4	6250
2	25000	6	4166.67
3	25000	6	4166.67
4	25000	4	6250

Output Data

= = = = = = = = = = = = = = = =

Number of loading conditions ld = 1

Nodal Angular Rotation

Node No.	fai
1	0
2	$-4.75248e-006$
3	$1.26238e-006$
4	$-2.9703e-007$
5	$1.48515e-007$

Number of loading conditions ld = 2

Nodal Angular Rotation

Node No.	fai
1	0
2	$-1.26733e-005$
3	$3.36634e-006$
4	$-7.92079e-007$
5	$3.9604e-007$

Number of loading conditions ld = 3

Nodal Angular Rotation

Node No.	fai
1	0
2	$-1.42574e-005$
3	$3.78713e-006$
4	$-8.91089e-007$
5	$4.45545e-007$

Number of loading conditions ld = 4

Nodal Angular Rotation

Node No.	fai

1	0
2	2.32797e − 005
3	− 1.51485e − 005
4	3.56436e − 006
5	− 1.78218e − 006

Number of loading conditions ld = 5

Nodal Angular Rotation

- -

Node No.	fai
1	0
2	2.55226e − 005
3	− 2.09461e − 005
4	4.92849e − 006
5	− 2.46425e − 006

Number of loading conditions ld = 6

Nodal Angular Rotation

- -

Node No.	fai
1	0
2	2.40594e − 005
3	− 3.0297e − 005
4	7.12871e − 006
5	− 3.56436e − 006

Number of loading conditions ld = 7

Nodal Angular Rotation

- -

Node No.	fai
1	0
2	1.28094e − 005
3	− 3.0297e − 005
4	7.12871e − 006

5　　　　　　　$-3.56436e-006$

Number of loading conditions ld = 8
Nodal Angular Rotation

- -

Node No.	fai
1	0
2	$-6.12624e-006$
3	$3.06312e-005$
4	$-1.51485e-005$
5	$7.57426e-006$

Number of loading conditions ld = 9
Nodal Angular Rotation

- -

Node No.	fai
1	0
2	$-6.23762e-006$
3	$3.11881e-005$
4	$-2.85149e-005$
5	$1.42574e-005$

Number of loading conditions ld = 10
Nodal Angular Rotation

- -

Node No.	fai
1	0
2	$-3.2302e-006$
3	$1.6151e-005$
4	$-2.76238e-005$
5	$1.38119e-005$

Number of loading conditions ld = 11
Nodal Angular Rotation

- -

Node No.	fai
1	0
2	1.0396e − 006
3	− 5.19802e − 006
4	1.97525e − 005
5	− 1.73762e − 005

Number of loading conditions ld = 12

Nodal Angular Rotation

- -

Node No.	fai
1	0
2	1.18812e − 006
3	− 5.94059e − 006
4	2.25743e − 005
5	− 3.12871e − 005

Number of loading conditions ld = 13

Nodal Angular Rotation

- -

Node No.	fai
1	0
2	7.42574e − 007
3	− 3.71287e − 006
4	1.41089e − 005
5	− 2.95545e − 005

Member − end Forces of Elements ld = 1

- -

Ele. No.	qi	mi	qj	mj
1	0.888304	− 0.621906	0.111696	0.0686881
2	0.0145421	− 0.0686881	− 0.0145421	− 0.0185644

kc = 2   ac = 2   fqcl = 0.0145421   fqcr = 0.0145421   fmc = -0.039604

3   -0.00402228   0.0185644   0.00402228   0.00556931
4   0.00139233   -0.00556931   -0.00139233   0

Member – end Forces of Elements ld = 2

- -

Ele. No.	qi	mi	qj	mj
1	0.618812	-0.658416	0.381188	0.183168
2	0.0387789	-0.183168	-0.0387789	-0.049505

kc = 2   ac = 2   fqcl = 0.0387789   fqcr = 0.0387789   fmc = -0.105611

3   -0.0107261   0.049505   0.0107261   0.0148515
4   0.00371287   -0.0148515   -0.00371287   0

Member – end Forces of Elements ld = 3

- -

Ele. No.	qi	mi	qj	mj
1	0.289913	-0.365718	0.710087	0.206064
2	0.0436262	-0.206064	-0.0436262	-0.0556931

kc = 2   ac = 2   fqcl = 0.0436262   fqcr = 0.0436262   fmc = -0.118812

3   -0.0120668   0.0556931   0.0120668   0.0167079
4   0.00417698   -0.0167079   -0.00417698   1.73472e-018

Member – end Forces of Elements ld = 4

- -

Ele. No.	qi	mi	qj	mj
1	-0.218247	0.290996	0.218247	0.581993
2	0.80987	-0.581993	0.19013	0.222772

kc = 2   ac = 2   fqcl = -0.19013   fqcr = -0.19013   fmc = 0.537748

| 3 | 0.0482673 | − 0.222772 | − 0.0482673 | − 0.0668317 |
| 4 | − 0.0167079 | 0.0668317 | 0.0167079 | − 6.93889e − 018 |

Member − end Forces of Elements ld = 5

- -

Ele. No.	qi	mi	qj	mj
1	− 0.239274	0.319032	0.239274	0.638064
2	0.721672	− 0.638064	0.278328	0.308031

| kc = 2 | ac = 2 | fqcl = − 0.278328 | fqcr = 0.721672 | fmc = 0.805281 |

| 3 | 0.06674 | − 0.308031 | − 0.06674 | − 0.0924092 |
| 4 | − 0.0231023 | 0.0924092 | 0.0231023 | 0 |

Member − end Forces of Elements ld = 6

- -

Ele. No.	qi	mi	qj	mj
1	− 0.225557	0.300743	0.225557	0.601485
2	0.52599	− 0.601485	0.47401	0.445545

| kc = 2 | ac = 2 | fqcl = 0.52599 | fqcr = 0.52599 | fmc = 0.450495 |

| 3 | 0.0965347 | − 0.445545 | − 0.0965347 | − 0.133663 |
| 4 | − 0.0334158 | 0.133663 | 0.0334158 | 0 |

Member − end Forces of Elements ld = 7

- -

Ele. No.	qi	mi	qj	mj
1	− 0.120088	0.160118	0.120088	0.320235
2	0.229115	− 0.320235	0.770885	0.445545

| kc = 2 | ac = 2 | fqcl = 0.229115 | fqcr = 0.229115 | fmc = 0.137995 |

| 3 | 0.0965347 | − 0.445545 | − 0.0965347 | − 0.133663 |

| 4 | −0.0334158 | 0.133663 | 0.0334158 | 0 |

Member − end Forces of Elements ld = 8

- -

Ele. No.	qi	mi	qj	mj
1	0.0574335	−0.076578	−0.0574335	−0.153156
2	−0.102104	0.153156	0.102104	0.459468

kc = 2   ac = 2   fqcl = −0.102104   fqcr = −0.102104   fmc = −0.051052

| 3 | 0.779239 | −0.459468 | 0.220761 | 0.284035 |
| 4 | 0.0710087 | −0.284035 | −0.0710087 | 0 |

Member − end Forces of Elements ld = 9

- -

Ele. No.	qi	mi	qj	mj
1	0.0584777	−0.0779703	−0.0584777	−0.155941
2	−0.10396	0.155941	0.10396	0.467822

kc = 2   ac = 2   fqcl = −0.10396   fqcr = −0.10396   fmc = −0.0519802

| 3 | 0.488861 | −0.467822 | 0.511139 | 0.534653 |
| 4 | 0.133663 | −0.534653 | −0.133663 | 0 |

Member − end Forces of Elements ld = 10

- -

Ele. No.	qi	mi	qj	mj
1	0.0302831	−0.0403775	−0.0302831	−0.080755
2	−0.0538366	0.080755	0.0538366	0.242265

kc = 2   ac = 2   fqcl = −0.0538366   fqcr = −0.0538366   fmc = −0.0269183

| 3 | 0.204053 | −0.242265 | 0.795947 | 0.517946 |
| 4 | 0.129486 | −0.517946 | −0.129486 | 0 |

Member – end Forces of Elements ld = 11

- -

Ele. No.	qi	mi	qj	mj
1	– 0.00974629	0.012995	0.00974629	0.0259901
2	0.0173267	– 0.0259901	– 0.0173267	– 0.0779703

kc = 2   ac = 2   fqcl = 0.0173267   fqcr = 0.0173267   fmc = 0.00866337

3	– 0.0606436	0.0779703	0.0606436	0.285891
4	0.821473	– 0.285891	0.178527	5.55112e – 017

Member – end Forces of Elements ld = 12

- -

Ele. No.	qi	mi	qj	mj
1	– 0.0111386	0.0148515	0.0111386	0.029703
2	0.019802	– 0.029703	– 0.019802	– 0.0891089

kc = 2   ac = 2   fqcl = 0.019802   fqcr = 0.019802   fmc = 0.00990099

3	– 0.0693069	0.0891089	0.0693069	0.326733
4	0.581683	– 0.326733	0.418317	0

Member – end Forces of Elements ld = 13

- -

Ele. No.	qi	mi	qj	mj
1	– 0.00696163	0.00928218	0.00696163	0.0185644
2	0.0123762	– 0.0185644	– 0.0123762	– 0.0556931

kc = 2   ac = 2   fqcl = 0.0123762   fqcr = 0.0123762   fmc = 0.00618812

3	– 0.0433168	0.0556931	0.0433168	0.204208
4	0.301052	– 0.204208	0.698948	1.11022e – 016

4.绘 Q_C、Mv_C 影响线

根据输出的结果，可以绘制出 Q_C 和 M_C 的影响线，如图 4-19 所示。由 br1.txt 中的结果，也可以绘出各结点角位移和各单元杆端力 Q 和 M 的影响线。

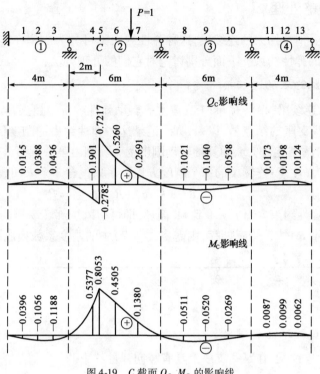

图 4-19　C 截面 Q_C、M_C 的影响线

第九节 ➤ 程序的扩展

一、滑动支座的处理

本章所给出的连续梁程序，只能处理左右端的支承为固定或铰支（包括固定铰支，也称活动铰支）的情况。若连续梁的左端或右端为滑动支座时，对本章程序略加修改即可计算。图 4-20 所示具有滑动支座的梁，若仍取杆端的角位移为基本未知数时，可知 a)、b)梁的单元刚度矩阵均为：

$$[\boldsymbol{R}]^{\text{e}} = \begin{bmatrix} i & -i \\ - & i \end{bmatrix} \tag{4-7}$$

式中：i——单元的线刚度，$i = EI/L$。

图　4-20

因此,若连续梁的左端为滑动支座,在组集总刚时,只需把单元①的单刚取为式(4-6)即可;同理,若右端为滑动支座,则把第 $n-1$ 号单元的单刚取为式(4-6)。另外,因为滑动支座的转角为 0,故在引入支承条件时,与固定支座的处理相同。

二、弹性支座的处理

工程中常遇到受弹性约束的连续梁,这种弹性约束又可分为支座在转动方向上的弹性约束和在竖直方向上的弹性约束。下面分别讨论对它们的处理方法:

1.仅受转动弹性约束的连续梁

如图 4-21 所示连续梁,设共有 nk 个支座上有转动弹性约束,对它们从 l ~ nk 统一编号,并以 mk[nk] 记录这些支座的结点号,以 sk[nk] 记录这些弹性约束的刚度值。对于任意第 i 个弹性约束,设其对应的结点号为 j,弹簧的转动刚度为 k_i。则由第一章第八节中的介绍可知,将第 j 个刚度方程改为(注意:连续梁的每个刚度方程最多只包含 3 个未知数):

$$R_{j,j-1}\varphi_{j-1} + (R_{j,j} + k_i)\varphi_j + R_{j,j+1}\varphi_{j+1} = P_j \tag{4-8}$$

此即引入了第 i 个弹性约束。对 i 从 1 到 nk 循环,即可引入全部转动弹性约束。

注意:若将总刚[R]按等带宽储存,则需将式(4-7)中的刚度系数换成[R]*中相应的值。

图 4-21

2.具有竖向弹性约束的连续梁

如图 4-22 所示连续梁,在某些支座上具有竖向弹性约束。

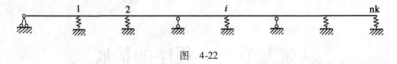

图 4-22

由于此种弹性支座不仅有角位移,而且还可以发生竖向位移,因此,各单元刚度矩阵应取为 4×4,即式(1-5)。当组集好总刚[R]后,按第一章第八节介绍的方法,仅需把总刚[R]中与弹性约束相对应的主元素叠加上相应弹簧的刚度值,即引入了弹性支承条件。在编写程序时,同样应增加一些记录弹性约束信息和数组的信息。也可以在本章程序的基础上,增编处理弹性约束的内容,以作为练习。

三、变截面连续梁的计算

为了使梁的应力分布更合理,以便更好地发挥材料的力学性能,工程中常将连续梁设计成变截面形状(图 4-23)。由于截面变化较大,因此,若仍按各梁为等截面计算,将引起较大的误差,以至不能满足工程误差要求。

对这种梁的计算可以采用分段法,即把连续梁分成若干段,而把每一段近似看作等截面杆。若把每一分段当作一个单元,则该单元每端有两个杆端位移,即角位移和竖向线位移。因此,单元的刚度矩阵将是 4×4 阶的方阵,即为式(1-5)。结构的总刚[R]可以由各单刚根据其单元定位向量所指示的位置"对号入座"组集,对支承条件的处理应考虑各支座的转动约束和竖问位移约束情况。若用等带宽储存,还应将[**R**]中的元素转化到[**R**]*中来。在本章程序的基础上,对上述问题进行一些处理,即可将其扩充为可解变截面连续梁的程序。

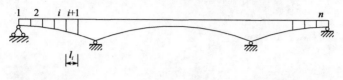

图 4-23

4-1 用本章程序计算图 1 所示结构在图 a)、b) 两种荷载工况下的结点角位移和杆端内力值。已知 $E = 1.8 \times 10^3 \mathrm{kN/cm}^2$,$I = 2.0 \times 10^5 \mathrm{cm}^4$。

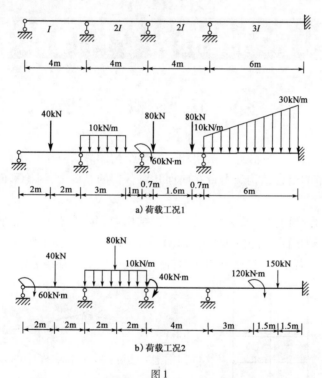

图 1

4-2 用本章程序计算图 2 所示连续梁各杆端内力和跨中 C 截面的内力影响线(每段梁四等分)。已知 $E = 3.0 \times 10^3 \mathrm{kN/cm}^2$,$I = 1.0 \times 10^5 \mathrm{cm}^4$,并作 Q_C、M_C 的影响线

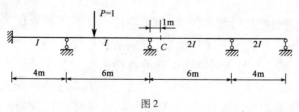

图 2

*4-3 试对本章程序进行扩充,以能求解左右端具有滑动支承的连续梁结构。

*4-4 试扩充本章程序,以使其能求解具有转动弹簧约束的连续梁结构。

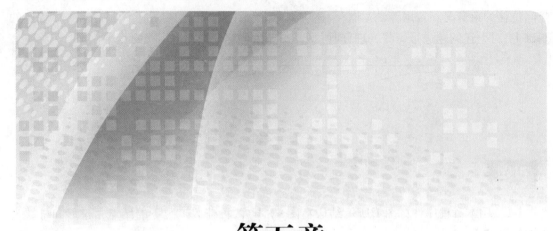

第五章
平面组合结构静力分析的程序设计

第一节 ▶ 概　述

前面几章分别阐述了平面刚架、桁架和连续梁结构的静力分析程序设计方法,但在实际结构中,还存在着大量的组合结构。本章在前面几章分析的基础上,讨论平面组合结构的程序设计问题。

这里所指的组合结构含有两层意思:一是指结构内部除含有刚结点外,尚具有铰接点(完全铰或不完全铰),即平面一般框架结构,如图 5-1a)所示;二是指工程结构中常见的由一部分以受弯为主的杆件和若干受拉、压力的二力杆件拼装而成的平面组合结构,如图 5-1b)所示。

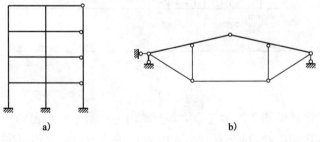

a)   b)

图 5-1

采用电子计算机进行结构计算时,方法的通用性和计算的规格化是程序设计人员考虑的出发点。此外,程序还应力求便于用户使用,特别是程序要求用户填写的数字信息应尽量简便,以避免或减少由于输入信息的繁琐而引起的各种错误。进行组合结构计算的程序设计时,上述两点尤其显得重要。如果将图 5-1 所示两类组合结构与平面刚架相比较,可以发现:

(1)在组合结构内部的各铰接点处,汇交于结点的各杆端具有相同的线位移和不同的角位移,因此,每个结点已不止有 3 个位移分量。

(2)组合结构中所含单元的类型不统一。观察图 5-1a)所示结构,除含有通常所称的平面刚架单元外,还出现了一端铰接(该端弯矩为零)的单元;而图5-1b)中还出现了桁架单元(链杆)。

由于存在以上两个特点,使得一般平面组合结构的程序设计工作,要比单纯的平面刚架程序设计工作稍稍困难一些。

下面介绍一种比较简便而有效的方法,将平面刚架的程序稍加修改,便能解决组合结构的计算问题,而且修改后的程序通用性很强,能计算各种平面杆件结构。

第二节 ▷ 关于单元类型变换矩阵 $[CT]$

图5-2表示两个具有特殊单元的结构,其中图5-2a)所示的框架,由于非支座结点3处设有内部铰,因此,该结点处的杆端角位移是不连续的,即单元②的3端转角与单元③的3端转角不相等。为解决此困难,我们可以将单元②与③中的一个看作"特殊单元"。不妨规定这种单元必须在始端为铰接。在图a)所示编号系统下。显然单元③应属于这种"特殊单元",而单元②仍可看作一般单元(刚架单元)。应注意,这种特殊单元可以发生弯曲变形,但其始端的弯矩必须等于零。另一种特殊单元,即我们所熟悉的桁架单元,如图5-2b)中所示的三根链杆,它们只能承受轴向力。在少数特别的组合结构中,还可以有始端竖直滑动单元(即该端剪力为零)或始端轴向滑动单元(该端的轴力等于零)等。本章只讨论含有"始端铰接单元"和"桁架单元"的平面组合结构。

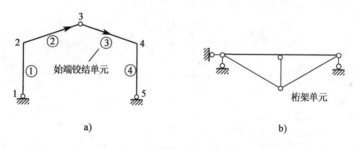

图　5-2

对于始端铰接单元(以脚标 P 表示),根据始端弯矩为零的条件,取出结构坐标系下单元刚度方程的第三式[式(1-27)],有:

$$\frac{6EI}{L^2}C_y \cdot u_i^{\text{e}} - \frac{6EI}{L^2}C_x \cdot v_i^{\text{e}} + \frac{4EI}{L} \cdot \varphi_i^{\text{e}} - \frac{6EI}{L^2}C_y \cdot u_j^{\text{e}} +$$
$$\frac{6EI}{L^2}C_x \cdot v_j^{\text{e}} + \frac{2EI}{L} \cdot \varphi_j^{\text{e}} = 0 \tag{5-1}$$

式中, $C_x = \cos\alpha$; $C_y = \sin\alpha$; α 为该单元之倾角。

式(5-1)表明,单元两端6个杆端位移并非是完全独立的,单元的始端角位移可以由式(5-1)解得,即:

$$\varphi_i^{\text{e}} = -\frac{3C_y}{2L}u_i^{\text{e}} + \frac{3C_x}{2L}v_i^{\text{e}} + \frac{3C_y}{2L}u_j^{\text{e}} - \frac{3C_y}{2L}v_j^{\text{e}} - \frac{1}{2}\varphi_j^{\text{e}} \tag{5-2}$$

于是,可得到始端铰接单元的杆端位移列阵 $\{\delta\}_{\text{P}}^{\text{e}}$ 与一般单元的杆端位移列阵 $\{\delta\}_{\text{G}}^{\text{e}}$ 之间的关系式为:

182 结构矩阵分析与程序设计

$$\left\{ \begin{matrix} u_i^{(e)} \\ v_i^{(e)} \\ \varphi_i^{(e)} \\ u_j^{(e)} \\ v_j^{(e)} \\ \varphi_j^{(e)} \end{matrix} \right\}_G = \begin{bmatrix} 1 & 0 & 0 & 0 & 0 & 0 \\ 0 & 1 & 0 & 0 & 0 & 0 \\ -\dfrac{3C_y}{2L} & \dfrac{3C_x}{2L} & 0 & \dfrac{3C_y}{2L} & -\dfrac{3C_x}{2L} & -\dfrac{1}{2} \\ 0 & 0 & 0 & 1 & 0 & 0 \\ 0 & 0 & 0 & 0 & 1 & 0 \\ 0 & 0 & 0 & 0 & 0 & 1 \end{bmatrix} \left\{ \begin{matrix} u_i^{(e)} \\ v_i^{(e)} \\ \varphi_i^{(e)} \\ u_j^{(e)} \\ v_j^{(e)} \\ \varphi_j^{(e)} \end{matrix} \right\}_P \tag{5-3}$$

将其简写为：

$$\{\boldsymbol{\delta}\}_G^{(e)} = [\boldsymbol{CT}] \cdot \{\boldsymbol{\delta}\}_P^{(e)} \tag{5-4}$$

式中，脚标 G 代表一般单元。

将式(5-4)代入一般单元的刚度方程：

$$\{\boldsymbol{F}\}_G^{(e)} = [\boldsymbol{k}]_G^{(e)} \cdot \{\boldsymbol{\delta}\}_G^{(e)} \tag{5-5}$$

可得到：

$$[\boldsymbol{k}]_P^{(e)} = [\boldsymbol{k}]_G^{(e)} \cdot [\boldsymbol{CT}] \tag{5-6}$$

并有：

$$\{\boldsymbol{F}\}_P^{(e)} = [\boldsymbol{k}]_P^{(e)} \cdot \{\boldsymbol{\delta}\}_P^{(e)} \tag{5-7}$$

式(5-6)表明，将一般单元刚度矩阵右乘矩阵$[\boldsymbol{CT}]$，便可以得到始端铰接单元的刚度矩阵。矩阵$[\boldsymbol{CT}]$称为单元的类型变换矩阵。

为明确起见，始端铰接单元的变换矩阵宜写作$[\boldsymbol{CT}]_P$。

$$[\boldsymbol{CT}]_P = \begin{bmatrix} 1 & 0 & 0 & 0 & 0 & 0 \\ 0 & 1 & 0 & 0 & 0 & 0 \\ -\dfrac{3C_y}{2L} & \dfrac{3C_x}{2L} & 0 & \dfrac{3C_y}{2L} & -\dfrac{3C_x}{2L} & -\dfrac{1}{2} \\ 0 & 0 & 0 & 1 & 0 & 0 \\ 0 & 0 & 0 & 0 & 1 & 0 \\ 0 & 0 & 0 & 0 & 0 & 1 \end{bmatrix} \tag{5-8}$$

于是：

$$[\boldsymbol{k}]_P^{(e)} = [\boldsymbol{k}]_G^{(e)} \cdot [\boldsymbol{CT}]$$

对于桁架单元，同理得：

$$[\boldsymbol{k}]_t^{(e)} = [\boldsymbol{k}]_G^{(e)} \cdot [\boldsymbol{CT}]_t \tag{5-9}$$

式中，脚标 t 代表桁架单元。

读者可利用与推导$[\boldsymbol{CT}]_P$矩阵类似的方法，求得：

$$[\boldsymbol{CT}]_t = \begin{bmatrix} 1 & 0 & 0 & 0 & 0 & 0 \\ 0 & 1 & 0 & 0 & 0 & 0 \\ -\dfrac{C_y}{L} & \dfrac{C_x}{L} & 0 & \dfrac{C_y}{L} & -\dfrac{C_x}{L} & 0 \\ 0 & 0 & 0 & 1 & 0 & 0 \\ 0 & 0 & 0 & 0 & 1 & 0 \\ -\dfrac{C_y}{L} & \dfrac{C_x}{L} & 0 & \dfrac{C_y}{L} & -\dfrac{C_x}{L} & 1 \end{bmatrix} \tag{5-10}$$

尽管式(5-6)或式(5-9)的乘法运算是由计算机来完成的,这里仍不妨列出这两种特殊单元的刚度矩阵的完整形式:

$$
[\boldsymbol{k}]_{P}^{\textcircled{e}} = \begin{bmatrix} b_1 & b_2 & 0 & -b_1 & -b_2 & b_3 \\ & b_4 & 0 & -b_2 & -b_4 & -b_5 \\ & & 0 & 0 & 0 & 0 \\ & 对 & & b_1 & b_2 & -b_3 \\ & 称 & & & b_4 & b_5 \\ & & & & & b_6 \end{bmatrix} \tag{5-11}
$$

式中, $b_1 = C_x^2 \cdot \dfrac{EA}{L} + C_y^2 \cdot \dfrac{3EI}{L^3}$; $b_4 = C_y^2 \cdot \dfrac{EA}{L} + C_x^2 \cdot \dfrac{3EI}{L^3}$; $b_2 = C_x C_y \left(\dfrac{EA}{L} - \dfrac{3EI}{L^3} \right)$; $b_5 = C_x \cdot \dfrac{3EI}{L^2}$; $b_3 = C_y \cdot \dfrac{3EI}{L^2}$; $b_6 = \dfrac{3EI}{L}$ 。

$$
[\boldsymbol{k}]_{t}^{\textcircled{e}} = \begin{bmatrix} b_7 & b_8 & 0 & -b_7 & -b_8 & 0 \\ & b_9 & 0 & -b_8 & -b_9 & 0 \\ & & 0 & 0 & 0 & 0 \\ & 对 & & b_7 & b_8 & 0 \\ & 称 & & & b_9 & 0 \\ & & & & & 0 \end{bmatrix} \tag{5-12}
$$

式中, $b_7 = C_x^2 \cdot \dfrac{EA}{L}$; $b_8 = C_x C_y \dfrac{EA}{L}$; $b_9 = C_y^2 \cdot \dfrac{EA}{L}$ 。

注意式(5-11)中的第3行和第3列元素全为零,式(5-12)中的第3、第6行和第3、第6列元素全部为零。这表明在计算单元的杆端力时,始端铰接单元始端的转角以及桁架单元两端的转角均可为任意值,即其值的大小不会影响杆端力。

第三节 ➤ 利用[CT]矩阵处理特殊单元固端力

在第二章中,子程序 efix 可以为一般刚架单元自动计算8种常见非结点荷载作用下的固端力。由于组合结构中存在诸如始端铰接等形式的特殊单元,因此需求出这些特殊单元的固端力。本节将推导特殊单元的固端力与一般单元固端力之间的关系。

首先将式(5-4)写成一般的形式,并略去上标ⓔ有:

$$
\{\boldsymbol{\delta}\}_G = [\boldsymbol{CT}] \cdot \{\boldsymbol{\delta}\}_S \tag{5-13}
$$

式中:脚标 S——特殊单元;

$\{\boldsymbol{\delta}\}_S$ ——特殊单元的杆端位移;

$\{\boldsymbol{\delta}\}_G$ ——一般单元的杆端位移。

现分别选择这两组位移作为虚位移(因为它们都符合作为虚位移的条件),并用 $\Delta\{\delta\}_S$ 和 $\Delta\{\delta\}_G$ 来表示。设 $\{F_F\}_G$ 和 $\{F_F\}_S$ 分别表示既定荷载作用下的一般单元(两端固定)和特殊单元的固端力,它们各自在虚位移上所作虚功为:

$$\Delta\{\delta\}_G^T \cdot \{F_F\}_G$$

和

$$\Delta\{\delta\}_S^T \cdot \{F_F\}_S$$

当满足关系式 $\Delta\{\delta\}_G = [CT] \cdot \Delta\{\delta\}_S$ 时,根据功的互等定理,上述两种虚功相等,即:

$$\Delta\{\delta\}_S^T [CT]^T \cdot \{F_F\}_G = \Delta\{\delta\}_S^T \cdot \{F_F\}_S$$

鉴于 $\Delta\{\delta\}_S$ 为虚功位移,其值可取任意微小值,故欲使上式成立,必须满足:

$$[CT]^T \cdot \{F_F\}_G = \{F_F\}_S \tag{5-14}$$

此式即所寻求的利用已知的 $\{F_F\}_G$ 去计算 $\{F_F\}_S$ 的变换公式。

现以图 5-3a)和 b)所示情形为例,来验证式(5-14)的正确性。

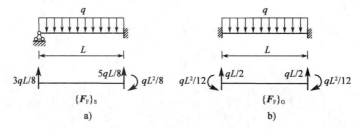

图 5-3

由式(5-8)计算 $[CT]$,并得到 $[CT]^T$,注意本例 $C_x = 1$,$C_y = 0$。

$$\{F_F\}_S = [CT]^T \cdot \{F_F\}_G = \begin{bmatrix} 1 & 0 & 0 & 0 & 0 & 0 \\ 0 & 1 & \dfrac{3}{2L} & 0 & 0 & 0 \\ 0 & 0 & 0 & 0 & 0 & 0 \\ 0 & 0 & 0 & 1 & 0 & 0 \\ 0 & 0 & -\dfrac{3}{2L} & 0 & 1 & 0 \\ 0 & 0 & \dfrac{1}{2} & 0 & 0 & 1 \end{bmatrix} \begin{Bmatrix} 0 \\ \dfrac{qL}{2} \\ -\dfrac{qL^2}{12} \\ 0 \\ \dfrac{qL}{2} \\ \dfrac{qL^2}{12} \end{Bmatrix} = \begin{Bmatrix} 0 \\ \dfrac{2}{8}qL \\ 0 \\ 0 \\ \dfrac{5}{8}qL \\ \dfrac{1}{8}qL^2 \end{Bmatrix}$$

由此可以看出,如果把平面刚架计算单元等效结点荷载的子程序 eload 稍加修改,便能用于组合结构,修改的方法十分简单,对于任一单元,可按如下步骤进行:

(1)首先计算其一般单元的固端力 $\{\overline{F}_F\}_G$,调用子程序 efix[i]。

(2)计算坐标变换矩阵 $[T]$,调用子程序 trans(ie)。

(3)计算其整体坐标系下的固端力 $\{F_F\}_G$。

(4)判断是否是特殊单元,如"是"做(5),否则跳过做(6)。

(5)形成类型变换矩阵 $[CT]$,按式(5-14)计算修正后特殊单元的固端力。

(6)将固端力反号形成等效结点荷载,并根据定位向量送入结点荷载列阵$\{\boldsymbol{P}_\mathrm{E}\}$中。

第四节 ➤ 新增加的输入信息

通过前面的讨论,明确了杆件类型变换矩阵$[\boldsymbol{CT}]$是组合结构计算机解法中的关键。因此,必须给计算机以信息,告诉机器结构中的哪些单元是特殊单元,它们各自属于哪种类型。现规定一般的刚架单元用数字"1"来表示,始端铰接单元以数字信息"2"来表示,桁架单元以数字信息"3"表示,则用户必须告诉计算机的信息就是各单元的类型信息。为此,在 input1 子程序中,应增设一个一维数组 kec[ne]来存放各单元的类型信息,并给其输入相应的值(1、2或3)。

第五节 ➤ 单元类型的识别和结点编号须知

本节拟通过若干例子,帮助读者熟悉对组合结构中各单元类型的识别和正确进行结点编号。一般而言,在目前只包含两类特殊单元的情况下,用户确定各单元的类型和做好相应的结点编号工作是不存在困难的。例如,图 5-2a)所示含内部铰的结构,单元①、②、④为一般单元,单元③为特殊单元——始端铰接单元,但必须注意单元③的铰端编号数一定要小于另一端编号数(3<4),采用约束条件前后处理结合法,由计算机形成的结点位移编号系统如图 5-4所示。特别应理解,由计算机解出的第 9 号结点位移,实际上是单元②的 3 端转角。因为单元③是始端铰接单元,其单元刚度矩阵已经过$[\boldsymbol{CT}]$的修正,如式(5-11)所示,故尽管以后在计算单元③的杆端力时也用到单元③的转角,但利用单元②在 3 端的转角来代替它也不会发生错误。实际上,单元③在 3 端的转角可以代入任意值,故我们称其为"无用位移"。图 5-4所示结构的结点编号情况与无中间铰的刚架情况完全一样,这就给组合结构的结点位移编号的自动化带来了极大方便。

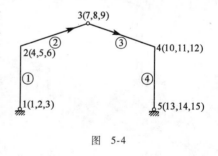

图 5-4

图 5-5a)画出了四层框架的结点编号和单元编号,图中单元①~④为特殊单元(即始端铰接单元,单元类型信息为2),其余均为一般单元(单元类型信息为1)。图 5-5b)所示框架,一个内部铰共连四个单元,结点编号时应注意铰处编较小的号码;识别特殊单元时应注意,汇交于结点 1 的四个单元只能取其中的三个作为特殊单元,必须留一个作为一般单元,即该点的铰接单元数应比汇交于该铰的单元总数少 1。图 5-5b)中,若将单元①、②、③视作特殊单元,则单元④必须视为与单元⑤~⑩一样的一般单元。结点 1 处仍为三个位移分量,该点的角位移代表单元④上端的转角。

图 5-6a)所示结构既包含始端铰接单元,也包含桁架单元。在图示结点编号系统下,单元④可视为始端铰接单元(类型信息为"2"),单元⑦为桁架单元(类型信息为"3"),其余五个

单元均为一般单元。图5-6b)所示组合结构有3个特殊单元(桁架单元),④、⑤为一般单元。但应注意,桁架单元的汇交点4处只允许编2个结点线位移号,如果在该点编上角位移,将出现在结构刚度矩阵中相应主元素为零的局面,从而导致计算中断。为避免这种情况的发生,同时又不引起结点位移分量编号的麻烦,可将结点4处仍编3个位移分量,但需将其角位移分量加以约束,即假想该点的转角为零。这样处理之后既可避免结构刚度矩阵奇异造成的中断现象,又不影响其他位移的计算。实际上结点4处的角位移对三个桁架单元而言是无用位移,因此,图5-6b)所示结构的约束结点数 nd = 3,约束位移数 ndf = 4。

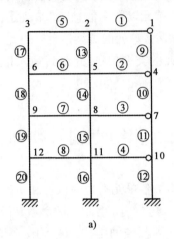 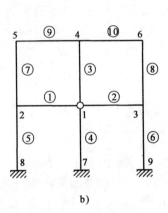

a)

b)

图 5-5

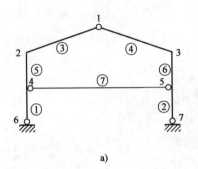 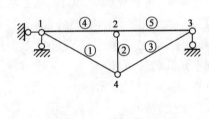

a)

b)

图 5-6

现在进一步讨论图5-7所示结构的特殊单元数及其类型以及约束信息数。在图示结点编号系统下,单元③为始端铰接单元,单元⑤、⑥、⑦、⑧、⑨为桁架单元,其余均为一般单元。结点1、3、5、7均应看作约束结点,即 nd = 4,约束位移数 ndf = 5。

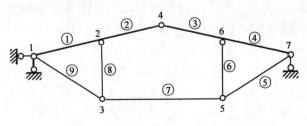

图 5-7

综上所述,采用识别组合结构中的特殊单元,并通过[**CT**]矩阵分别修正它们的单元刚度矩阵和固端力列阵的计算机解法,具有如下优点:

(1)新增的输入信息少,处理简便。

(2)可以充分利用现成的平面刚架程序,只需在涉及对特殊单元的计算处(单元刚度矩阵和固端力),插入少量语句(形成[**CT**]矩阵并按规定公式对有关量作修正运算),便可编成组合结构的计算程序。

(3)程序容易调试,通用性强,可用来求解各种不同形式的结构。

第六节 ➤ 单元类型变换矩阵的形成
——子程序 matc

平面组合结构的主程序模块划分与平面刚架程序模块划分完全相同,即由 input1、wstiff、load、bound、causs 和 nqm 六大模块组成,且 bound 和 gauss 模块不需作任何修改,input1 子程序中需增加输入 kec[ne]的语句,需要修改的主要是 wstiff、load 和 nqm 三个模块。下面各节将讨论各模块的 PAD 设计。在各模块中需多次用到[**CT**]矩阵,故本节首先将形成该矩阵的过程设计成一个独立的模块——matc(ie,kk,ct)。其中虚参 ie 表示单元号,kk 表示类型号,ct 为输出数组,其中的元素为[**CT**]矩阵相应的元素。图 5-8 为该子程序的 PAD 设计。

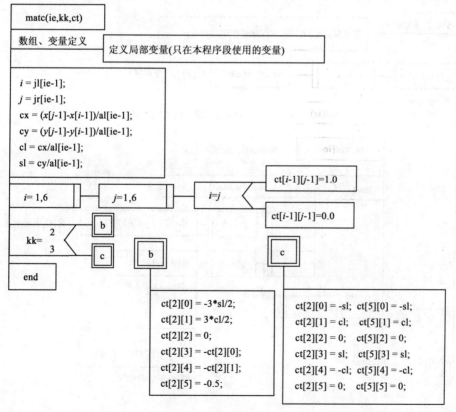

图 5-8 子程序 matc 的 PAD 设计

第七节 ➤ 结构刚度矩阵的组集
——子程序 wstiff

组集组合结构刚度矩阵[**R**],可以通过对平面刚架的 wstiff 子程序稍加修改来完成,主要包括以下四步:

(1)无论何种单元,首先调用子程序 stiff(ie),计算其一般单元的单元刚度矩阵,存放在 c[6][6]中。

(2)向单元类型信息数组 kec[ie]询问,该单元是否特殊单元,如"是",做(3),否则跳过做第(4)步。

(3)调用子程序 matc 来计算单元的类型变换矩阵[**CT**],并左乘[**C**],得到修正后的单元刚度矩阵。

(4)调用子程序 locat(ie)形成定位向量,并按其提供的地址,将单元刚度矩阵的各元素送入总刚矩阵[**R**]。

根据以上四步,结合平面刚架程序 wstiff 的设计,现给出组合结构程序中 wstiff 的 PAD 设计,如图 5-9 所示。

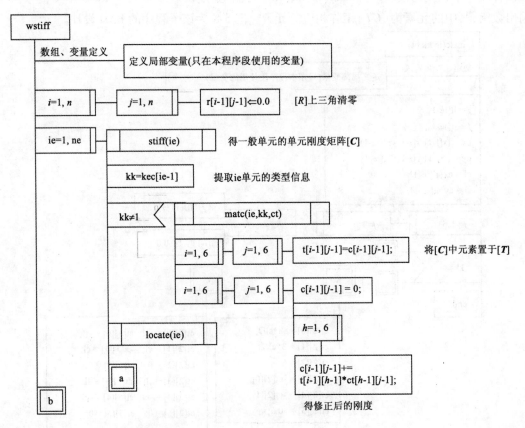

图 5-9

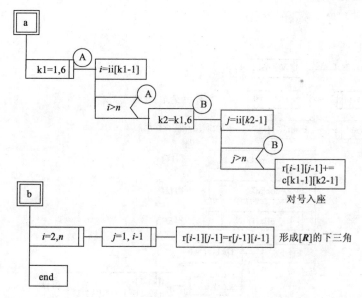

图 5-9　子程序 wstiff 的 PAD 设计

说明：

（1）在 wstiff 子程序中，数组 ct[6][6]应有说明。

（2）嵌套子程序 stiff(ie)、locat(ie)可以照搬平面刚架相应的子程序。

（3）结点编号时应先编自由结点和非固定支座处，最后再编固定支座，以适应支承条件先后处理结合法的要求。

第八节 ▶ 综合结点荷载列阵的形成——子程序 load

本子程序的 PAD 设计与第二章平面刚架的子程序 load 完全相同。由于形成综合结点荷载列阵的过程是由直接结点荷载列阵$\{P_D\}$和等效结点荷载列阵$\{P_E\}$相加而得到的，无论是对刚架还是对组合结构，这个过程都是相同的，故对平面组合结构的子程序 load，其 PAD 设计可参阅图 2-33。所不同的是其嵌套子程序 eload 需要作修改。为方便起见，我们不改变 load 和 efix[i]子程序中的任何语句，只对 eload 进行修改。eload 的主要工作步骤为：

（1）对任一个非结点荷载，找到其作用的单元号 k，并计算该单元的坐标变换矩阵[T]（调用子程序 trans[k]）和定位向量$\{II\}$。

（2）调用子程序 efix[i]，计算一般单元局部坐标系下的固端力$\{F_F\}$，并利用坐标变换矩阵[T]求得整体坐标系下的固端力$\{F\}$。

（3）提取 k 单元的类型号 kk = kec[k]，判定它是否特殊单元，若"是"做(4)，否则跳过(4)做(5)。

（4）调用子程序 matc(k,kk,ct)计算单元 k 的类型变换矩阵[CT]，并利用它修正单元的固端力$\{F\}$。

（5）将固端力$\{F\}$反号后，按照定位向量$\{II\}$提供的地址，送至等效结点荷载向量$\{P_E\}$相应的位置。图 5-10 为子程序 eload 的 PAD 设计。

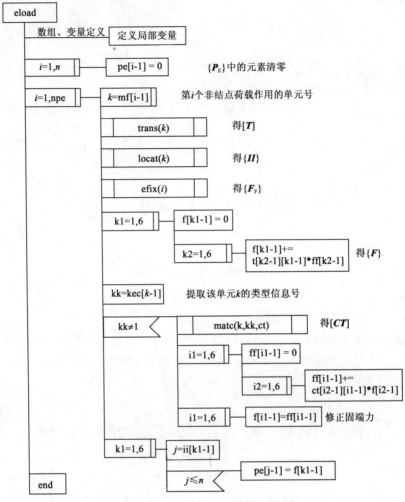

图 5-10 子程序 eload 的 PAD 设计

第九节 ▶ 各单元杆端力的计算
——子程序 nqm

众所周知,在求出结构的所有结点位移之后,进一步可以求出各单元在局部坐标系下的最后杆端力,其计算公式为:

$$\{\overline{F}\}^{\text{e}} = [\,T\,]\{K\}^{\text{e}}\{\delta\}^{\text{e}} + \{\overline{F}_{\text{F}}\}^{\text{e}}$$

对一般单元来讲,第二章已经有详细描述,这里无须赘述。但对特殊单元来说,需要注意的是,公式中 $\{K\}^{\text{e}}$、$\{\overline{F}_{\text{F}}\}^{\text{e}}$ 应分别是修正后的特殊单元的单元刚度矩阵和固端力。因此,与平面刚架的 nqm 子程序相比,本子程序应增加判断是否为特殊单元和修正单元刚度矩阵及单元固端力的语句。图 5-11 为本子程序 nqm 的 PAD 设计,请读者与第二章平面刚架的相应子程序作一比较。

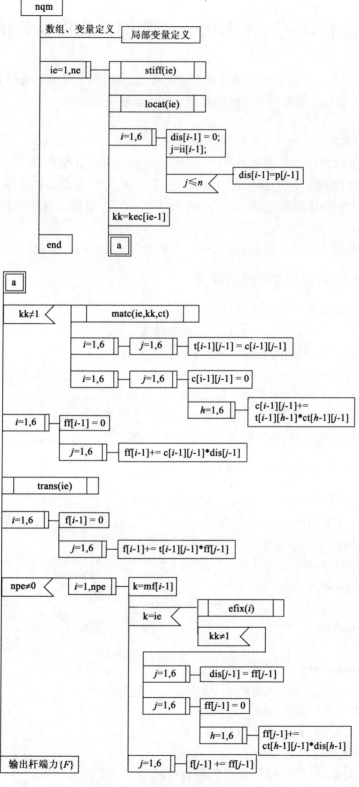

图 5-11　子程序 nqm 的 PAD 设计

第十节 ≫ 平面组合结构的源程序及算例

本节在第二章和本章前面各节的基础上,用 VC 语言编写了平面组合结构静力分析的源程序,程序取名为 zhjg。下面对程序的功能和一些规定给予说明。

一、程序功能

(1)能计算并输出任意平面组合结构的结点位移和各杆的杆端力。

(2)能直接处理固定支座、固定铰支座、活动铰支座、定向支座和有已知位移的支座的支承条件,但其支座中的线位移必须与结构坐标轴方向相同。对固定支座采用"前处理",其余采用"后处理"。

(3)能计算各种直接结点荷载和表 2-3 中所列出的 8 种非结点荷载引起的位移和内力。

二、关于程序使用中的规定和说明

(1)各单元必须是均质等截面直杆。

(2)结点编号时,必须先编可动结点,后编固定结点。

(3)各单元的局部坐标正向由小号指向大号端,即有 jl[ie] < jr[ie]。

(4)第二类特殊单元——始端铰接单元编号时注意,铰端的结点编号必须小于另一端的编号。

(5)所有输入数据均采用自由格式,自 ffr. txt 中读入,ffw. txt 为输出结果文件。

(6)本程序所有的变量、数组的含义以及子程序的功能,均与平面刚架程序相同。

三、平面组合结构静力分析源程序—— zhjg

```
// = = = = = = = = = = = = = = = = = = =
//The Program of Composite Structure
// = = = = = = = = = = = = = = = = = = =
#include < iostream >
#include < fstream >
#include < math. h >
#include < iomanip >

using namespace std;
short nn,ne,nf,nd,ndf,npj,npe,n;
double al[50],t[6][6],x[40],y[40];
short jl[50],jr[50];
double ea[50],ei[50];
double c[6][6],r[120][120],p[120],pe[120];
short ibd[20],  ii[6];
```

```
double bd[20],   ff[6];
short mj[20],mf[30],ind[30];
double qj[20][3],f[6],dis[6];
double aq[30],bq[30],q1[30],q2[30];
short kec[30];

void input1();
void wstiff();
void stiff(short ie);
void locat(short ie);
void load();
void eload();
void trans(short ie);
void efix(short i);
void bound();
void gauss();
void nqm();
void matc(short ie,short kk,double ct[6][6]);

ifstream fin("h:\\mydata\\ffr.txt");
ofstream fout("h:\\mydata\\ffw.txt");

//=========
//Main Program
//=========
void main()
{
input1();
wstiff();
load();
bound();
gauss();
nqm();
cout<<"求解完毕,请到指定文件查看结果!";

fin.close();
fout.close();
}
```

```
//= = = = = = = = = = = = = = = = = =
//SUB-1  Read And Print Initial Data
//= = = = = = = = = = = = = = = = = =
void input1( )
{
    short i,j,ie,inti,intj;
double dx,dy;

fout << "Structural Analysis" << endl;
    fout << " * * * * * * * * * * * * * * * * * * * * * * * *" << endl;
    fout << "Input Data" << endl;
    fout << " = = = = = = = = = = = = = = = = = =" << endl;
    fout << "Structural Control Data" << endl;
    fout << " - - - - - - - - - - - - - - - - - - - - - - - -" << endl;
    fout << "nn" << setw(8) << "nf" << setw(8) << "nd" << setw(8) << "ndf" << setw(8)
<< "ne" << setw(8) << "npj" << setw(8) << "npe" << setw(8) << "n" << endl;
    fin >> nn >> nf >> nd >> ndf >> ne >> npj >> npe;
    n =3 * ( nn - nf) ;
fout << nn << setw(8) << nf << setw(8) << nd << setw(8) << ndf << setw(8) << ne <<
setw(8) << npj << setw(8) << npe << setw(9) << n << endl;
    fout << endl;


        fout << "Nodal Coordinates" << endl;
        fout << " - - - - - - - - - - - - - - - - - - - - - - - -" << endl;
        fout << "Node" << setw(8) << "x" << setw(10) << "y" << endl;
        for( i =1;i < = nn;i ++ )
        {
            fin >> i >> x[i -1] >> y[i -1];
            fout << i << setw(11) << x[i -1] << setw(10) << y[i -1] << endl;
        }
        fout << endl;

        fout << "Element Information" << endl;
        fout << " - - - - - - - - - - - - - - - - - - - - - - - -" << endl;
        fout << "ELe. No. "
            << setw(8) << "jl" << setw(9) << "jr" << setw(12) <<
            "ea" << setw(12) << "ei" << setw(11) << "al" << setw(10) << "kec" << endl;
        for( i =1;i < = ne;i ++ )
        {
```

```
        fin >> i >> jl[i-1] >> jr[i-1] >> ea[i-1] >> ei[i-1] >> kec[i-1];
    }
    for(inti = 1;inti < = ne;inti ++ )
    {
        if(jl[inti-1] > = jr[inti-1])break;
    }
    ie = 1;
    while(ie < = ne)
    {
        i = jl[ie-1];
        j = jr[ie-1];
        dx = x[j-1] - x[i-1];
        dy = y[j-1] - y[i-1];
        al[ie-1] = sqrt(dx * dx + dy * dy);
        ie + = 1;
    }
    for(i = 1;i < = ne;i ++ )
    }
    fout << i << setw(14) << jl[i-1] << setw(9) << jr[i-1] << setw(12) << ea[i-1] <<
setw(12) << ei[i-1] << setw(11) << al[i-1] << setw(10) << kec[i-1] << endl;
    }
    fout << endl;


    if(npj! = 0)
    {
        fout << "Nodal Load" << endl;
        fout << " - - - - - - - - - - - - - - - - - - - - - - - - - " << endl;
        fout << "i" << setw(8) << "mj" << setw(8) << "xd" << setw(8) << "yd" << setw
(8) << "md" << endl;
        for(intj = 1;intj < = npj;intj ++ )
        {
            fin >> intj >> mj[intj-1] >> qj[intj-1][0] >> qj[intj-1][1] >> qj[intj-1][2];
            fout << intj << setw(8) << mj[intj-1] << setw(8) << qj[intj-1][0] << setw
(8) << qj[intj-1][1] << setw(8) << qj[intj-1][2] << endl;
        }
    }
    fout << endl;


    if(npe! = 0)
```

```
    {
        fout << "Element Loads" << endl;
        fout << " - - - - - - - - - - - - - - - - - - - - - - - - - - - - - - " << endl;
        fout << "i" << setw(8) << "mf" << setw(8) << "ind" << setw(8) << "aq" << setw
(10) << "bq" << setw(13) << "q1" << setw(11) << "q2" << endl;
        for(i = 1;i < = npe;i ++ )
        {
            fin >> i >> mf[i - 1] >> ind[i - 1] >> aq[i - 1] >> bq[i - 1] >> q1[i - 1] >>
q2[i - 1];
            fout << i << setw(8) << mf[i - 1] << setw(8) << ind[i - 1] << setw(8)
<< aq[i - 1] << setw(12) << bq[i - 1] << setw(13) << q1[i - 1] << setw(8) << q2[i - 1]
<< endl;
        }
    }
    fout << endl;


    if(ndf! = 0)
    {
        fout << "Boundary Conditions" << endl;
        fout << " - - - - - - - - - - - - - - - - - - - - - - - - - - - - - " << endl;
        fout << "i" << setw(8) << "ibd" << setw(8) << "bd" << endl;
        for(j = 1;j < = ndf;j ++ )
        {
            fin >> j >> ibd[j - 1] >> bd[j - 1];
            fout << j << setw(8) << ibd[j - 1] << setw(8) << bd[j - 1] << endl;
        }
    }
}
// = = = = = = = = = = = = = = = = = = = = = = = = =
//SUB-2   Assemble Structural Stiffness Matrix {R}
// = = = = = = = = = = = = = = = = = = = = = = = = =
void wstiff( )
{
    short i,j,h,ie,kk,k1,k2;
    double ct[6][6];

    for(i = 1;i < = n;i ++ )
    {
        for(j = 1;j < = n;j ++ )
```

```
      }
        r[i-1][j-1] =0. ;
      }
    }
    ie = 1;
    while( ! (ie > ne))
    {
        stiff(ie);
        kk = kec[ie-1];
        if(kk! =1)
        {
            matc(ie,kk,ct);
            for(i =1;i < =6;i ++ )
            {
                for(j =1;j < =6;j ++ )
                {
                    t[i-1][j-1] =c[i-1][j-1];
                }
            }
            for(i =1;i < =6;i ++ )
            {
                for(j =1;j < =6;j ++ )
                {
                    c[i-1][j-1] =0;
                }
            }
            for(i =1;i < =6;i ++ )
            {
                for(j =1;j < =6;j ++ )
                {
                    for(h =1;h < =6;h ++ )
                    {
                        c[i-1][j-1] + =t[i-1][h-1] * ct[h-1][j-1];
                    }
                }
            }
        }
        locat(ie);
        for(k1 =1;k1 < =6;k1 ++ )
```

```
        {
            i = ii[ k1 - 1 ];
            if( i > n) goto iLabel30;
            for( k2 = k1 ; k2 < = 6 ; k2 ++ )
            {
                j = ii[ k2 - 1 ];
                if( j > n) goto iLabel20;
                r[ i - 1 ][ j - 1 ] + = c[ k1 - 1 ][ k2 - 1 ];
                iLabel20 : ;
            }
        iLabel30 : ;
        }
        ie + = 1 ;
    }
    for( i = 2 ; i < = n ; i ++ )
    {
        for( j = 1 ; j < = i - 1 ; j ++ )
        {
            r[ i - 1 ][ j - 1 ] = r[ j - 1 ][ i - 1 ];
        }
    }
}
// = = = = = = = = = = = = = = = = = = = = = = = = = = = = = = = = = = = =
//SUB-3   Set Up Element Stiffness Matrix[ C ] ( Global Coordinate System )
// = = = = = = = = = = = = = = = = = = = = = = = = = = = = = = = = = = = =
void stiff( short ie)
{
    short i , j ;
    double b1 , b2 , b3 , b4 ;
    double s1 , s2 , s3 , s4 , s5 , s6 ;
    double cx , cy ;

    i = jl[ ie - 1 ] ;
    j = jr[ ie - 1 ] ;
    cx = ( x[ j - 1 ] - x[ i - 1 ] )/al[ ie - 1 ] ;
    cy = ( y[ j - 1 ] - y[ i - 1 ] )/al[ ie - 1 ] ;
    b1 = ea[ ie - 1 ]/al[ ie - 1 ] ;
    b2 = 12 * ei[ ie - 1 ]/pow( al[ ie - 1 ] , 3 ) ;
    b3 = 6 * ei[ ie - 1 ]/pow( al[ ie - 1 ] , 2 ) ;
```

```
b4 = 2 * ei[ ie - 1 ]/al[ ie - 1 ];
s1 = b1 * pow( cx,2 ) + b2 * pow( cy,2 );
s2 = ( b1 - b2 ) * cx * cy;
s3 = b3 * cy;
s4 = b1 * pow( cy,2 ) + b2 * pow( cx,2 );
s5 = b3 * cx;
s6 = b4;
c[ 0 ][ 0 ] = s1;
c[ 0 ][ 1 ] = s2;
c[ 0 ][ 2 ] = s3;
c[ 0 ][ 3 ] = - s1;
c[ 0 ][ 4 ] = - s2;
c[ 0 ][ 5 ] = s3;
c[ 1 ][ 1 ] = s4;
c[ 1 ][ 2 ] = - s5;
c[ 1 ][ 3 ] = - s2;
c[ 1 ][ 4 ] = - s4;
c[ 1 ][ 5 ] = - s5;
c[ 2 ][ 2 ] = 2 * s6;
c[ 2 ][ 3 ] = - s3;
c[ 2 ][ 4 ] = s5;
c[ 2 ][ 5 ] = s6;
c[ 3 ][ 3 ] = s1;
c[ 3 ][ 4 ] = s2;
c[ 3 ][ 5 ] = - s3;
c[ 4 ][ 4 ] = s4;
c[ 4 ][ 5 ] = s5;
c[ 5 ][ 5 ] = 2 * s6;
for( i = 2 ;i < = 6 ;i ++ )
{
    for( j = 1 ;j < = i - 1 ;j ++ )
    {
        c[ i - 1 ][ j - 1 ] = c[ j - 1 ][ i - 1 ];
    }
}
}
// = = = = = = = = = = = = = = = = = = = = = = =
//SUB-4   Set Up Element Location Vector{II}
```

```
// = = = = = = = = = = = = = = = = = = = = = = = =
void locat( short ie)
{
short i,j;

    i = jl[ ie - 1 ];
    j = jr[ ie - 1 ];
    ii[ 0 ] = 3 * i - 2;
    ii[ 1 ] = 3 * i - 1;
    ii[ 2 ] = 3 * i;
    ii[ 3 ] = 3 * j - 2;
    ii[ 4 ] = 3 * j - 1;
    ii[ 5 ] = 3 * j;
}
// = = = = = = = = = = = = = = = = = = = = = = = =
//SUB-5   Set Up Total Nodal Load Vector{P}
// = = = = = = = = = = = = = = = = = = = = = = = =
void load( )
{

    short i,k;

    for( i = 1 ;i < = n;i ++ )
    {
       p[ i - 1 ] = 0;
    }
    if( npj! = 0)
    {
       for( i = 1 ;i < = npj;i ++ )
       {
          k = mj[ i - 1 ];
          p[ 3 * k - 2 - 1 ] = qj[ i - 1 ][ 0 ];
          p[ 3 * k - 1 - 1 ] = qj[ i - 1 ][ 1 ];
          p[ 3 * k - 1 ] = qj[ i - 1 ][ 2 ];
       }
    }
    if( npe! = 0)
    {
       eload( );
```

```
    }
    for( i = 1 ;i < = n ;i ++ )
    {
      p[ i - 1 ] + = pe[ i - 1 ] ;
    }
}
// = = = = = = = = = = = = = = = = = = = = = =
//SUB- 6   Set Up Effective Nodal Loads
// = = = = = = = = = = = = = = = = = = = = = =
void eload( )
{

    short i,j,k,k1,k2,kk,h,hh;
    double ct[ 6 ][ 6 ] ;

    for( i = 1 ;i < = n ;i ++ )
    {
      pe[ i - 1 ] = 0 ;
    }
    for( i = 1 ;i < = npe ;i ++ )
    {
      k = mf[ i - 1 ] ;
      trans( k ) ;
      locat( k ) ;
      efix( i ) ;
      for( k1 = 1 ;k1 < = 6 ;k1 ++ )
      {
        f[ k1 - 1 ] = 0 ;
        for( k2 = 1 ;k2 < = 6 ;k2 ++ )
        {
          f[ k1 - 1 ] + = t[ k2 - 1 ][ k1 - 1 ] * ff[ k2 - 1 ] ;
        }
      }
      kk = kec[ k - 1 ] ;
      if( kk !  = 1 ){
        matc( k,kk,ct ) ;
        for( j = 1 ;j < = 6 ;j ++ )
        {
          ff[ j - 1 ] = 0 ;
```

```
            for( h = 1 ;h < = 6 ;h ++ )
            {
                ff[ j - 1 ] + = ct[ h - 1 ][ j - 1 ] * f[ h - 1 ] ;
            }
        }
        for( hh = 1 ;hh < = 6 ;hh ++ )
        {
            f[ hh - 1 ] = ff[ hh - 1 ] ;
        }
    }
    for( k1 = 1 ;k1 < = 6 ;k1 ++ )
    {
        j = ii[ k1 - 1 ] ;
        if( j > n) goto iLabel30 ;
        pe[ j - 1 ] - = f[ k1 - 1 ] ;
    }
    iLabel30: ;
}


}


// = = = = = = = = = = = = = = = = = =
//SUB-7   Set Up Fixed – End Forces
// = = = = = = = = = = = = = = = = = =
void efix( short i)
{
    short j,k;
    double sl,a,b,p1,p2,b1,b2,b3,c1,c2,c3,d1,d2;

    for( j = 1 ;j < = 6 ;j ++ )
    {
        ff[ j - 1 ] = 0 ;
    }
    k = mf[ i - 1 ] ;
    sl = al[ k - 1 ] ;
    a = aq[ i - 1 ] ;
    b = bq[ i - 1 ] ;
    p1 = q1[ i - 1 ] ;
    p2 = q2[ i - 1 ] ;
```

```
b1 = sl - (a + b)/2;
b2 = b - a;
b3 = (a + b)/2;
c1 = sl - (2 * b + a)/3;
c2 = b2;
c3 = (2 * b + a)/3;
d1 = pow(b,3) - pow(a,3);
d2 = b * b - a * a;
switch(ind[i-1])
{
    case 1:
    {
        ff[1] = -p1 * pow((sl-a),2) * (1+2*a/sl)/pow(sl,2);
        ff[2] = p1 * a * pow((sl-a),2)/pow(sl,2);
        ff[4] = -p1 - ff[1];
        ff[5] = -p1 * pow(a,2) * (sl-a)/pow(sl,2);
        break;
    }
    case 2:
    {
        ff[1] = -p1 * b2 * (12 * pow(b1,2) * sl - 8 * pow(b1,3) + pow(b2,2) * sl - 2 *
b1 * pow(b2,2))/(4 * pow(sl,3));
        ff[2] = p1 * b2 * (12 * b3 * pow(b1,2) - 3 * b1 * pow(b2,2) + pow(b2,2) *
sl)/12./pow(sl,2);
        ff[4] = -p1 * b2 - ff[2-1];
        ff[5] = -p1 * b2 * (12 * pow(b3,2) * b1 + 3 * b1 * pow(b2,2) - 2 * pow(b2,
2) * sl)/12/pow(sl,2);
        break;
    }
    case 3:
    {
        ff[1] = -p2 * c2 * (18 * pow(c1,2) * sl - 12 * pow(c1,3) + pow(c2,2) * sl - 2 *
c1 * pow(c2,2) - 4 * pow(c2,3)/45)/12/pow(sl,3);
        ff[2] = p2 * c2 * (18 * c3 * pow(c1,2) - 3 * c1 * pow(c2,2) + pow(c2,2) * sl -
2 * pow(c2,3)/15)/36/pow(sl,2);
        ff[4] = -0.5 * p2 * c2 - ff[2-1];
        ff[5] = -p2 * c2 * (18 * pow(c3,2) * c1 + 3 * c1 * pow(c2,2) - 2 * pow(c2,2)
* sl + 2 * pow(c2,3)/15)/36/pow(sl,2);
        break;
```

```
            }
        case 4:
            {
                ff[1] = -6 * p1 * a * (sl - a)/pow(sl,3);
                ff[2] = p1 * (sl - a) * (3 * a - sl)/pow(sl,2);
                ff[4] = -ff[1];
                ff[5] = p1 * a * (2 * sl - 3 * a)/pow(sl,2);
                break;
            }
        case 5:
            {
                ff[1] = -p1 * (3 * sl * d2 - 2 * d1)/pow(sl,3);
                ff[2] = p1 * (2 * d2 + (b - a) * sl - d1/sl)/sl;
                ff[4] = -ff[1];
                ff[5] = p1 * (d2 - d1/sl)/sl;
                break;
            }
        case 6:
            {
                ff[0] = -p1 * (1 - a/sl);
                ff[3] = -p1 * a/sl;
                break;
            }
        case 7:
            {
                ff[0] = -p1 * (b - a) * (1 - (b + a)/(2 * sl));
                ff[3] = -p1 * d2/2/sl;
                break;
            }
        case 8:
            {
                ff[2] = -a * (p1 - p2) * ei[k - 1]/b;
                ff[5] = -ff[3 - 1];
                break;
            }
        }
    }
}
// = = = = = = = = = = = = = = = = = = = = = = = = = =
//SUB-8   Set Up Coordinate Transfer Matrix[T]
```

```
// = = = = = = = = = = = = = = = = = = = = = = =
void trans( short ie)
{
    short i,j;
    double cx,cy;

    i = jl[ ie - 1 ] ;
    j = jr[ ie - 1 ] ;
    cx = ( x[ j - 1 ] - x[ i - 1 ] )/al[ ie - 1 ] ;
    cy = ( y[ j - 1 ] - y[ i - 1 ] )/al[ ie - 1 ] ;
    for( i = 1 ;i < = 6 ;i ++ )
    {
        for( j = 1 ;j < = 6 ;j ++ )
        {
            t[ i - 1 ][ j - 1 ] = 0 ;
        }
    }
    for( i = 1 ;i < = 4 ;i + = 3 )
    {
        t[ i - 1 ][ i - 1 ] = cx;
        t[ i - 1 ][ i ] = cy;
        t[ i ][ i - 1 ] = - cy;
        t[ i ][ i ] = cx;
        t[ i + 1 ][ i + 1 ] = 1 ;
    }
}
// = = = = = = = = = = = = = = = = = = = = =
//SUB-9   Introduce Support Conditions
// = = = = = = = = = = = = = = = = = = = = =
void bound( )
{
    short i,k;double a;

    if( ndf! = 0 )
    {
        a = 1e20 ;
        for( i = 1 ;i < = ndf;i ++ )
        {
            k = ibd[ i - 1 ] ;
```

```
            r[k-1][k-1] = a;
            p[k-1] = a * bd[i-1];
        }
    }
}
// = = = = = = = = = = = = = = = = = = = = = = =
//SUB-10   Solve Equilibrium Equations
// = = = = = = = = = = = = = = = = = = = = = = =
void gauss( )
{
    short i,j,k,k1,n1;
    double c;

    n1 = n - 1;
    for( k = 1;k < = n1;k ++ )
    {
        k1 = k + 1;
        for( i = k1;i < = n;i ++ )
        {
            c = r[k-1][i-1]/r[k-1][k-1];
            p[i-1] + = -p[k-1] * c;
            j = k1;
            while( j < = n)
            {
                r[i-1][j-1] + = -r[k-1][j-1] * c;
                j + = 1;
            }
        }
    }
    p[n-1]/ = r[n-1][n-1];
    for( i = 1;i < = n1;i ++ )
    {
        k = n - i;
        k1 = k + 1;
        for( j = k1;j < = n;j ++ )
        {
            p[k-1] + = -r[k-1][j-1] * p[j-1];
        }
        p[k-1]/ = r[k-1][k-1];
```

```
        }
        fout << endl;
      fout << "Output Data" << endl;
      fout << " = = = = = = = = = = = = = = = = = = = =" << endl;
        fout << endl;
      fout << "Nodal Displacements" << endl;
    fout << " - - - - - - - - - - - - - - - - - - - - - - - - - - - - -" << endl;
      fout << "Node No. " << setw(13) << "u" << setw(20) << "v" << setw(20) << "fai"
<< endl;
      for(i = 1;i < = nn;i ++ )
        {
      fout << i << setw(20) << p[3 * i - 2 - 1] << setw(20) << p[3 * i - 1 - 1] << setw(20)
<< p[3 * i - 1] << endl;
        }
    }
    // = = = = = = = = = = = = = = = = = = = = =
    //SUB-11    Calculate the Forces of Elements
    // = = = = = = = = = = = = = = = = = = = = =
    void nqm()
    {

        short ie,i,j,k,kk,h,jj;
        double ct[6][6];

      fout << endl;
    fout << "Element No. & Menber - End Force:" << endl;
      fout << " - - - - - - - - - - - - - - - - - - - - - - - - - - - - -" << endl;
        fout << endl;
      fout << "Ele
      No. " << setw(8) << "n(1)" << setw(14) << "q(1)" << setw(15) << "m(1)" <<
setw(15) << "n(r)" << setw(15) << "q(r)" << setw(15) << "m(r)" << endl;
      ie = 1;
      while(ie < = ne)
    {
        stiff(ie);
        locat(ie);
        for(i = 1;i < =6;i ++ )
        {
          dis[i - 1] =0;
```

```
        j = ii[i-1];
        if(j > n) goto iLabel10;
        dis[i-1] = p[j-1];
iLabel10: ;
    }

    kk = kec[ie-1];
    if(kk! = 1)
    {
        matc(ie,kk,ct);
        for(i = 1;i < =6;i ++)
        {
            for(j = 1;j < =6;j ++)
            {
                t[i-1][j-1] = c[i-1][j-1];
            }
        }
        for(i = 1;i < =6;i ++)
        {
            for(j = 1;j < =6;j ++)
            {
                c[i-1][j-1] = 0;
                for(h = 1;h < =6;h ++)
                {
                    c[i-1][j-1] + = t[i-1][h-1] * ct[h-1][j-1];
                }
            }
        }
    }
    for(i = 1;i < =6;i ++)
    {
        ff[i-1] = 0;
        for(j = 1;j < =6;j ++)
        {
            ff[i-1] + = c[i-1][j-1] * dis[j-1];
        }
    }
    trans(ie);
    for(i = 1;i < =6;i ++)
    {
```

```
        f[i-1] =0;
        for(j =1;j < =6;j ++ )
        {
          f[i-1] + =t[i-1][j-1] * ff[j-1];
        }
    }
    if(npe! =0)
{
        i =1;
        while(i < = npe)
{
          k = mf[i-1];
          if(k = = ie)
{
            efix(i);
            if(kk! =1)
{
                for(j =1;j < =6;j ++ )
                {
                  dis[j-1] =ff[j-1];
                }
                for(j =1;j < =6;j ++ )
                {
                  ff[j-1] =0;
                  for(jj =1;jj < =6;jj ++ )
                  {
                    ff[j-1] + =ct[jj-1][j-1] * dis[jj-1];
                  }
                }
            }
            for(j =1;j < =6;j ++ )
            {
              f[j-1] + =ff[j-1];
            }
          }
          i + =1;
        }
}
    fout << ie << setw(15) << f[0] << setw(15) << f[1] << setw(15) << f[2] <<
```

```
setw(15) << f[3] << setw(15) << f[4] << setw(15) << endl;
        ie + = 1;
        }
    }

// = = = = = = = = = = = = = = = = = = = = = = = = = = = = = = = = = = = = = = = = = = =
//SUB-12   Set Up Element Transformation Matrix[CT]
// = = = = = = = = = = = = = = = = = = = = = = = = = = = = = = = = = = = = = = = = = = =
void matc(short ie,short kk,double ct[6][6])
    {
        short i,j;
        double sl,cl;
        double cx,cy;

        i = jl[ie - 1];
        j = jr[ie - 1];
        cx = (x[j - 1] - x[i - 1])/al[ie - 1];
        cy = (y[j - 1] - y[i - 1])/al[ie - 1];
        for(i = 1;i < = 6;i ++)
        {
            for(j = 1;j < = 6;j ++)
            {
                if(i = = j)
                {
                    ct[i - 1][j - 1] = 1;
                } else
        {
                    ct[i - 1][j - 1] = 0;
                }
            }
        }
        sl = cy/al[ie - 1];
        cl = cx/al[ie - 1];
        if(kk = = 2)
        {
            ct[2][0] = -3 * sl/2;
            ct[2][1] = 3 * cl/2;
            ct[2][2] = 0;
            ct[2][3] = -ct[2][0];
            ct[2][4] = -ct[2][1];
```

```
        ct[2][5] = -0.5;
    } else {
    ct[2][0] = -sl;
    ct[2][1] = cl;
    ct[2][2] = 0;
    ct[2][3] = sl;
    ct[2][4] = -cl;
    ct[2][5] = 0;
    ct[5][0] = -sl;
    ct[5][1] = cl;
    ct[5][2] = 0;
    ct[5][3] = sl;
    ct[5][4] = -cl;
    ct[5][5] = 0;
    }
}
```

四、上机算例

例题　用子程序 zhjg 计算图 5-12 所示组合结构的内力。

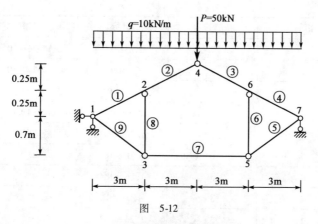

图 5-12

已知各单元的弹性模量 E、惯性矩 I 和截面积 A 如下表所示。

各单元的截面尺寸和弹性常数

单元号	弹性模量 $E(\mathrm{kN/m^2})$	惯性矩 $I(\mathrm{m^4})$	横截面面积 $A(\mathrm{m^2})$
①	3×10^7	0.71458×10^{-3}	0.07
②	3×10^7	0.71458×10^{-3}	0.07
③	3×10^7	0.71458×10^{-3}	0.07
④	3×10^7	0.71458×10^{-3}	0.07

单元号	弹性模量 $E(\text{kN/m}^2)$	惯性矩 $I(\text{m}^4)$	横截面面积 $A(\text{m}^2)$
⑤	2×10^8	0	0.63×10^{-3}
⑥	2×10^8	0	0.5×10^{-3}
⑦	2×10^8	0	0.63×10^{-3}
⑧	2×10^8	0	0.5×10^{-3}
⑨	2×10^8	0	0.63×10^{-3}

解：

1. 数据准备与输入

（1）控制数据。

nn	nf	nd	ndf	ne	npj	npe
7	0	4	5	9	1	8

（2）结点坐标。

i	1	2	3	4	5	6	7
$x[i]$	0.0	3.0	3.0	6.0	9.0	9.0	12.0
$y[i]$	0.0	0.25	0.7	0.5	0.7	0.25	0.0

（3）各单元的信息。

单元号 i	$jl[i]$	$jr[i]$	$ea[i]$	$ei[i]$	$kec[i]$
1	1	2	2.1×10^6	2.14374×10^4	1
2	2	4	2.1×10^6	2.14374×10^4	1
3	4	6	2.1×10^6	2.14374×10^4	2
4	6	7	2.1×10^6	2.14374×10^4	1
5	5	7	1.26×10^5	0	3
6	5	6	1.0×10^5	0	3
7	3	5	1.26×10^5	0	3
8	2	3	1.0×10^5	0	3
9	1	3	1.26×10^5	0	3

（4）直接结点荷载信息。

编号 i	结点号 $mj[i]$	$qj[i][1]$	$qj[i][2]$	$qj[i][3]$
1	4	0.0	50.0	0.0

（5）非结点荷载信息。

编号 i	$mf[i]$	$ind[i]$	$aq[i]$	$bq[i]$	$q1[i]$	$q2[i]$
1	1	2	0.0	3.0103986	-9.965457	0.0
2	1	7	0.0	3.0103986	-0.830454	0.0

编号 i	mf[i]	ind[i]	aq[i]	bq[i]	$q1[i]$	q2[i]
3	2	2	0.0	3.0103986	−9.965457	0.0
4	2	7	0.0	3.0103986	− 0.830454	0.0
5	3	2	0.0	3.0103986	−9.965457	0.0
6	3	7	0.0	3.0103986	0.830454	0.0
7	4	2	0.0	3.0103986	−9.965457	0.0
8	4	7	0.0	3.0103986	0.830454	0.0

(6)约束信息(只需读入可动支座的约束情况)。

i	1	2	3	4	5
ibd[i]	1	2	9	15	20
bd[i]	0.0	0.0	0.0	0.0	0.0

根据上面的准备,在数据文件 ffr.txt 中将其读入,填写格式如下:

```
7  0  4  5  9  1  8
1  0  0
2  3   0.25
3  3   −0.7
4  6   0.5
5  9   −0.7
6  9   0.25
7  12  0
1   1  2  2100000  21437.4  1
2   2  4  2100000  21437.4  1
3   4  6  2100000  21437.4  2
4   6  7  2100000  21437.4  1
5   5  7  126000   0  3
6   5  6  100000   0  3
7   3  5  126000   0  3
8   2  3  100000   0  3
9   1  3  126000   0  3
1   4  0   −50  0
1   1  2  0  3.0103986  −9.965457  0
2   1  7  0  3.0103986  −0.830454  0
3   2  2  0  3.0103986  −9.965457  0
4   2  7  0  3.0103986  −0.830454  0
5   3  2  0  3.0103986  −9.965457  0
6   3  7  0  3.0103986   0.830454  0
```

```
7  4  2  0  3.0103986  -9.965457  0
8  4  7  0  3.0103986   0.830454  0
1  1  0
2  2  0
3  9  0
4  15  0
5  20  0
```

2. 结果输出

程序运行后,计算结果输出到 ffw. txt 中,打印如下:

Structural Analysis

＊ ＊

Input Data

＝ ＝ ＝ ＝ ＝ ＝ ＝ ＝ ＝ ＝ ＝ ＝ ＝ ＝ ＝ ＝

Structural Control Data

－ －

nn	nf	nd	ndf	ne	npj	npe	n
7	0	4	5	9	1	8	21

Nodal Coordinates

－ －

Node	x	y
1	0	0
2	3	0.25
3	3	-0.7
4	6	0.5
5	9	-0.7
6	9	0.25
7	12	0

Element Information

－ －

ELe. No.	jl	jr	ea	ei	al	kec
1	1	2	2.1e+006	21437.4	3.0104	1
2	2	4	2.1e+006	21437.4	3.0104	1
3	4	6	2.1e+006	21437.4	3.0104	2
4	6	7	2.1e+006	21437.4	3.0104	1
5	5	7	126000	0	3.08058	3
6	5	6	100000	0	0.95	3
7	3	5	126000	0	6	3

| 8 | 2 | 3 | 100000 | 0 | 0.95 | 3 |
| 9 | 1 | 3 | 126000 | 0 | 3.08058 | 3 |

Nodal Loads

- -

i	mj	xd	yd	md
1	4	0	−50	0

Element Loads

- -

i	mf	ind	aq	bq	q1	q2
1	1	2	0	3.0104	−9.96546	0
2	1	7	0	3.0104	−0.830454	0
3	2	2	0	3.0104	−9.96546	0
4	2	7	0	3.0104	−0.830454	0
5	3	2	0	3.0104	−9.96546	0
6	3	7	0	3.0104	0.830454	0
7	4	2	0	3.0104	−9.96546	0
8	4	7	0	3.0104	0.830454	0

Boundary Conditions

- -

i	ibd	bd
1	1	0
2	2	0
3	9	0
4	15	0
5	20	0

Output Data

= = = = = = = = = = = = = = = =

Nodal Displacements

- -

Node No.	u	v	fai
1	−1.125e−026	−7.0156e−019	0.0107049
2	0.0024512	−0.0341624	0.0132483
3	−0.000725768	−0.0335517	0
4	0.00583423	−0.0795557	0.0157917
5	0.0123942	−0.0335517	0
6	0.00921726	−0.0341624	−0.0132483
7	0.0116685	−7.0156e−019	−0.0107049

Element No. & Member − End Force：

- -

Ele No.	n(l)	q(l)	m(l)	n(r)	q(r)	m(r)
1	276.306	−2.03296	−3.4639 e−014	−273.806	32.033	51.276
2	279.144	32.033	−51.276	−276.644	−2.03296	8.52651e−014
3	276.333	−2.02001	8.33391 e−014	−278.833	32.02	51.276
4	273.806	32.033	−51.276	−276.306	−2.03296	2.84217e−014
5	−282.921	7.10543 e−015	0	282.921	−7.10543 e−015	0
6	64.288	0	0	−64.288	0	0
7	−275.52	0	0	275.52	0	0
8	64.288	0	0	−64.288	0	0
9	−282.921	−7.10543 e−015	0	282.921	7.10543 e−015	0

3. 作内力图

内力图如图 5-13 所示。

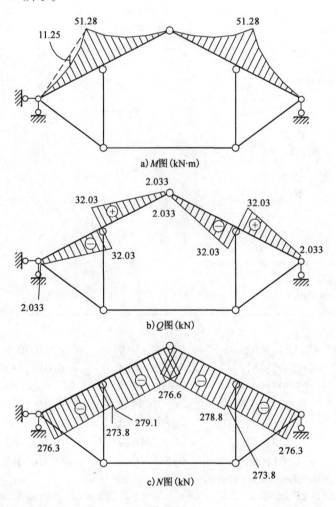

a) M图 (kN·m)

b) Q图 (kN)

c) N图 (kN)

图 5-13

习题

5-1 试计算图 1 所示组合结构的杆端力。已知受弯杆件的弹性模量 $E = 3 \times 10^7 \mathrm{kN/m^2}$，惯性矩 $I = 0.71458 \times 10^{-3} \mathrm{m^4}$，横截面积 $A = 0.07 \mathrm{m^2}$；桁架单元的弹性模量 $E = 2 \times 10^8 \mathrm{kN/m^2}$，横截面积 $A = 0.63 \times 10^{-3} \mathrm{m^2}$；加载工况数为 2，分别是 $q_1 = 5\mathrm{kN/m}$ 和 $q_2 = 10\mathrm{kN/m}$ 单独作用。

5-2 试计算图 2 所示组合结构的杆端力。设各单元常数如表 1 所示。

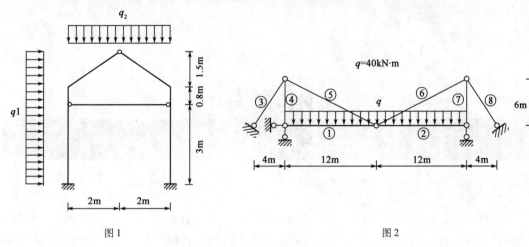

图 1   图 2

各 单 元 的 常 数

表 1

单元号	E（$\mathrm{kN/m^2}$）	I（$\mathrm{m^4}$）	横截面面积 A（$\mathrm{m^2}$）
1	3×10^7	0.95×10^{-3}	0.08
2	3×10^7	0.95×10^{-3}	0.08
3	2×10^8	0	0.33×10^{-3}
4	2×10^8	0	0.7×10^{-3}
5	2×10^8	0	0.33×10^{-3}
6	2×10^8	0	0.33×10^{-3}
7	2×10^8	0	0.7×10^{-3}
8	2×10^8	0	0.33×10^{-3}

附录 I
PAD基本概念简介

在进行结构分析的软件设计时,总是先借助某种图形工具绘出程序的框图,再用计算机语言编制出计算程序。目前的软件设计,其程序框图大多为流程图(Flow Chart,简称 FC)。本书将 PAD 方法应用到结构分析的软件设计中去,即用 PAD 图代替传统的 FC 图。PAD 图是一种先进的软件设计方法,与传统的 FC 图相比,PAD 图更能简捷、明了地表现程序的逻辑过程,与理论计算过程和源程序的对应关系密切,便于编制、检查和调试程序,更易于初学者学习和掌握。

一、PAD 的基本图式

1.PAD 常用符号

PAD 常用的符号有以下几种(附图 1),用来分别描述处理、重复(循环)、选择、语句标号、定义以及过程等。

处理框(框中写出处理名或各种语句)

重复框(判断循环,框中写出循环的条件)

选择框(框中写出选择的条件)

语句标号(圆圈中写出语句标号)

def.或 —— 定义(用于添加或分解PAD)

定义框(框写出定义名)

或 子程序调用框(框中写出子程序名)

附图 1

2.程序结构和PAD基本图式

任何程序都是由顺序、循环(重复)和选择3种基本形式所组成。

(1)顺序结构——处理两个事情以上的时间顺序。

(2)循环结构——在一定的条件下反复执行。

(3)选择结构——在两个事情中,选择满足条件的处理。

将这3种基本形式的程序结构以及PAD图与相应的FC图列于附表1中,以进行对比。

程序结构及PAD图的基本形式　　　　　　　　　　　　附表1

型　式	PAD 描　述	FC 描　述
顺序型		
循环型		
选择型		

说明:

(1) $\boxed{\ \text{Q}\ }$ 读作"Q条件成立时",称前判断循环。

(2) $\boxed{\ \text{Q}\ }\!\!<$ 表示当Q条件成立时,执行上分支,否则执行下分支。

二、PAD图式及注意事项

1.常用的PAD图式

PAD的写法基本上与语言无关,使用者可以根据需要进行不同的扩充。附表2给出了几种常用的PAD基本图式,并给出相应的FC图,以便于对照理解。

常用的 **PAD** 基本形式   附表 2

型 式		PAD 描 述	FC 描 述	意 义
顺序型		S_1 / S_2 / ⋮ / S_n	S_1 / S_2 / ⋮ / S_n	依次执行 S_1、S_2,…,S_n
循环型		$i=1,n$ — S	$i=1,n$ / S	执行 n 次 S
选择型	if 型	Q — S_1	Q / S_1	Q 条件成立时,执行 S_1,否则往下执行
	if else 型	Q — S_1 / S_2	N Q Y / S_1 S_2	Q 条件成立时,执行 S_1,否则执行 S_2
	switch 型	$I=$ I_1 — S_1 / I_2 — S_2 / I_n — S_n / default — S	N I Y / I_1 I_2 ⋯ I_n / S S_1 S_2 ⋯ S_n	若 $I=I_k$,($k=1,2,…,n$)则执行 S_k,否则执行 S(出错)

2.PAD 的写法和注意事项

（1）PAD 的写法及 def 的使用。

PAD 是一种二维树型结构程序表示法。其纵向描述顺序,横向描述分支和嵌套,二者结合即构成程序的 PAD 图。

写 PAD 时,可以从程序的顶层图开始,按照程序所要执行的过程依次写出框图,同时,可以用 def 符号添加或者分解 PAD。

def 的用法如下:

①用于将 PAD 中的某一框进一步细化或把较大的 PAD 分成较小的 PAD(附图 2)。

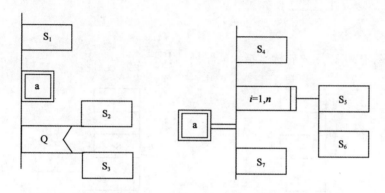

附图 2

②用于连接上下页,即在本页末尾和下页开始定义之前(附图 3)。

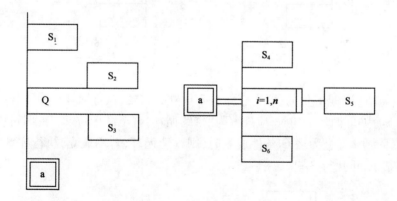

附图 3

（2）当处理框为空时,可以省略(附图 4)。

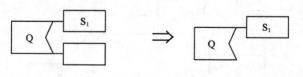

附图 4

（3）可以在 PAD 中某框的外侧写上注解(附图 5)。

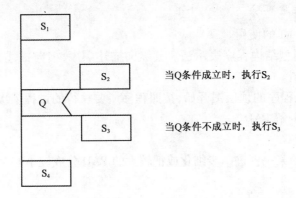

附图5

（4）PAD 图中，可以用语句标号指示某路径（附图6）。

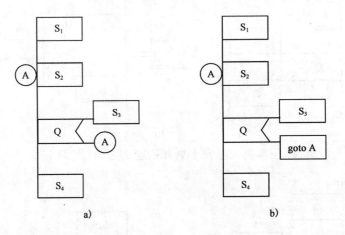

附图6

附图6a）与图6b）是等价的，即当 Q 条件不成立时，转去执行标号为Ⓐ的语句。

注意，当 S_2 为 do 循环语句时，应理解为"继续循环，直至循环结束。"此时可以将标号Ⓐ写在 S_2 的后面（附图7），意为当 Q 条件成立时，则继续循环，若不成立，执行完 S_3 后再继续循环，直到循环结束，再执行 S_4。

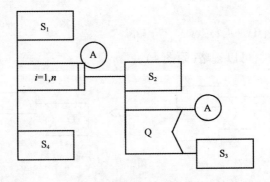

附图7

(5)每框执行完后,若无路径指示,应理解为继续往下执行,如附图8所示。

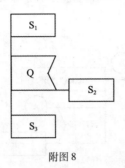

附图8

该图的意思为:先执行选择框,若 Q 条件成立,则直接执行 S_3,若 Q 条件不成立,则执行完 S_2 后再去执行 S_3。

三、应用 PAD 编程示例

根据理论公式的计算过程,可以绘出软件设计的 PAD 图,进一步可以编制出相应的计算程序。在进行软件的 PAD 设计时,可以根据需要灵活运用 PAD 图式。下面给一些简单的示例:

例1 给一维数组 a[n]中每个元素赋初值0。

PAD:

| $i=1,n$ | — | a[i]⇐0 |

例2 给二维数组 a[m][n]中各元素赋初值0。

PAD:

| $i=1,m$ | — | $j=1,n$ | — | a[i][j]⇐0 |

例3 已知 $x=20$,$y=15$,求 $z=\sqrt{4x^2+y}$。

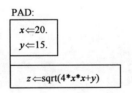

例4 已知 $y=\begin{cases}2x^2+x, & x\leqslant0 \\ 3x+4, & x>0\end{cases}$,$z=y^2+2$,试给出由 x 值求 y 和 z 的值的 PAD 设计。

PAD:

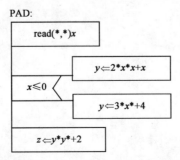

例5 求 $a[1],a[2],\cdots,a[n]$ 中所有非负元素平方根的和。

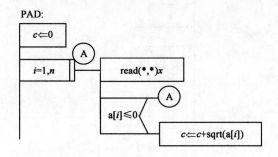

附录 II
C++简述

本书程序均采用 C++ 语言进行编写,为了便于读者快速读懂程序,下面将程序涉及的有关 C++ 语言的部分作简单介绍。

一、C++头文件的定义

在 C 语言家族程序中,头文件被大量使用。一般而言,每个 C++/C 程序通常由头文件(header files)和定义文件(definition files)组成。头文件作为一种包含功能函数、数据接口声明的载体文件,用于保存程序的声明,而定义文件用于保存程序的实现。C++ 编写的程序要想变为可执行的文件,程序开头必须事先定义程序中所用到的头文件,头文件的定义可用如下语句实现。

```
#include <文件名>
例如:
#include <iostream>        //数据流输入/输出
#include <fstream>         //文件输入/输出
#include <math.h>          //定义数学函数
#include <iomanip>         //参数化输入/输出
```
此外,C++ 程序开头一般应指定引用"命名空间",即:
```
using namespace std;      //引用命名空间
```

二、C++数据类型

C++ 的数据类型相当丰富,主要可分为基本数据类型、指针类型和构造类型 3 大类。构造类型包括数组、结构和枚举,是按照 C++ 语法规则在基本数据类型的基础上自定义的数据类型。

1.基本数据类型

基本数据类型是系统预定义的简单数据类型,这种数据类型不可以再分解为其他数据类型。C++ 的基本数据类型包括字符型、整型(包括长整型、短整型等),实型(包括单精度、双精度等)、布尔型和空值型。如附表 1 所示,每种数据类型都使用一个关键字来声明。

C++基本数据类型　　　　　　　　　　　　　　　　　附表 1

数 据 类 型	说　　明	二进制位长度
char	字符型	8
int	整型	16
float	单精度实型	32
double	双精度实型	64
void	无值型	0
[signed] char	有符号字符型	8
unsigned char	无符号字符型	8
short[int]	短整型	16
signed short[int]	有符号短整型	16
unsigned short[int]	无符号短整型	16
signed[int], int	有符号整型	16
unsigned[int]	无符号整型	16
long[int]	长整型	32
signed long[int]	有符号长整型	32
unsigned long[int]	无符号长整型	32
bool	布尔型	1

本书程序中主要用到的是 short(短整型)、double(双精度实型)和 void(无值型)。

2.变 量

变量在使用之前必须先进行变量的声明,以便编译程序为变量分配合适的内存空间,并可以给变量赋一个初值。变量声明语句的一般形式如下:

<数据类型> <变量名 1>[= <初始值 1>], <变量名 2>[= <初始值 2>],…;

例如:

short nn, ne, nf, nd, ndf, npj, npe, n;　　　//声明短整型变量

变量声明语句定义了变量的名称和数据类型,在程序中通过变量名存取其中的数据。数据类型规定了变量所占空间的大小和可以进行的运算,如附表 2 所示。

3.数 组

数组属于构造类型,是一组具有相同类型数据的有序集合,其中每个数据称为数组的元素。数组的数据类型可以是基本数据类型或构造数据类型,如可以是整型、实型、字符型、指针型或结构体等。数组按下标的个数分为一维数组、二维数组和多维数组。

一维数组的声明方式如下:

<数据类型>　　<数组名>　　[常量表达式];

二维数组的声明方式如下：

<数据类型> <数组名> [常量表达式] [常量表达式]；

其中，<常量表达式>称为数组的界，表示数组每一维所包含元素的个数。

例如：

short jl[50]；   //其中数组 jl 有 50 个元素，其数据类型是 short 型

double qj[20][3]；   //数组 qj 有 20×3 个元素，其数据类型是 double 型

声明数组后，可以通过数组随机访问每个元素，但不能一次访问整个数组。每个数组元素相当于一个简单变量。一维数组元素和二维数组元素的访问方式如下：

<数组名>[下标表达式]

<数组名>[下标表达式][下标表达式]

需要特别注意的是，数组元素的下标从 0 开始，最大值为数组的界减 1，例如 jl[0]，jl[1]，…，jl[49]。因此，读写数组元素时要注意下标的有效范围，避免改写其他存储单元的数据，否则可能造成不可预料的后果。

声明数组时可以用一组常量对数组进行初始化，每个常量作为一个元素的初始值，常量的数据类型应与数组的数据类型一致。例如，以下是一维数组的初始化形式：

double grade[3] = {90.0,75.0,85.0}；   //一维数组初始化

二维数组、多维数组的初始化与一维数组类似，可以按照数组的排列顺序对各元素赋初值，但为了阅读起来更直观，常采用分行赋初值的方法。比如：

int a[2][3] = {{2,4,6},{8,10,12}}；   //分行赋初值

如果声明数组时不进行初始化，数组元素的初始值为随机值(不一定为 0)。

三、C++控制语句

C++程序语句主要包括声明语句和执行语句。声明语句用于声明变量和函数，执行语句分为两类：表示计算机运行的语句(如赋值语句、表达式语句、函数调用语句)和控制程序执行顺序的控制语句。任何程序逻辑都可以通过顺序结构、选择结构和循环结构 3 种控制结构实现。顺序结构是指按照语句的编写顺序一条一条地顺序执行；选择结构是指根据某个条件来决定执行哪些语句；循环结构是指根据条件重复执行某些语句若干次。

1.选择语句

选择语句又称为分支语句，通过对给定的条件进行判断，从而决定执行哪个分支，实现程序的选择结构。C++提供了两种选择语句，即 if 语句和 switch 语句。

(1)if 语句

if 语句有多重形式，其一般形式如下：

if(<表达式>)

    <语句 1>

else

    <语句 2>

如果<表达式>的值为真(非 0)，则执行<语句 1>，否则执行<语句 2>。其中的语句可以是用"{}"括起来的语句块。<语句 2>可以为空，此时可以省略 else。

一般形式的 if 语句用于实现双分支结构，可以使用 if 语句的组合形式实现多分支结构。

下面给出了 if 语句的两种组合形式,其中第二种形式是 if 语句的嵌套形式。

①if 语句的平行形式如下:

```
If( <表达式 1 > )
    <语句 1 >
else if( <表达式 2 > )
    <语句 2 >
else if( <表达式 3 > )
    <语句 3 >
    ⋮
else if( <表达式 n > )
    <语句 n >
else
    <语句 n + 1 >
```

②if 语句的嵌套形式如下:

```
If( <表达式 1 > )
    If( <表达式 2 > )
        <语句 1 >
    else
        <语句 2 >
else
    if( <表达式 3 > )
        <语句 3 >
    else
        <语句 4 >
```

(2)switch 语句

当程序执行流程是根据一个表达式多个可能的值而去执行多个不同的分支结构时,可以使用 switch 语句。switch 语句又称开关语句,非常适合于从一组互斥的条件分支中选择一个分支执行。switch 语句的一般形式如下:

```
switch( <表达式 > )
{
case <常量 1 > :
    <语句 1 >
    break;
case <常量 2 > :
    <语句 2 >
    break;
    ⋮
case <常量 n > :
    <语句 n >
```

```
        break;
    default:
        <语句 n + 1>;
}
```

执行 switch 语句时,将<表达式>的值逐个与 case 子句中的<常量>进行比较,当某个常量与表达式的值相等时,就执行该 case 子句中的语句(可以是多条语句),直到遇到 break 语句(break 是转移语句)或到达 switch 语句末尾时退出 switch 结构。如果表达式不等于任何 case 子句常量的值,则执行 default 后的语句。default 语句可以省略,此时如果没有匹配的常量则不执行任何语句。在 switch 语句中,表达式与常量的数据类型必须一致,且只能是字符型、整型或枚举型。

2.循环语句

在编程解决实际问题时,常常需要进行一些有规律性的重复操作,在程序中需要多次重复执行某些语句。对于这类需要重复执行某些语句的程序,循环结构是必不可少的。特别是在语句执行次数未知的情况下,只能采用循环结构。C++ 提供了 3 种用于实现循环结构的循环语句,分别是 for 语句、while 语句和 do – while 语句。这 3 种循环语句主要由循环体和循环条件构成,重复执行的程序段成为循环体,循环语句根据循环条件判断是否执行循环体。下面介绍这 3 中循环语句的一般语法形式。

(1)for 语句的一般形式如下:

```
for( <表达式 1>;<表达式 2>;<表达式 3>)
    <语句>
```

式中,<表达式 2>是循环条件表达式,其值为真时执行循环,为假时终止循环。编程时,<表达式 1>常用于设置进入 for 循环时的初始状态,<表达式 3>常用于改变某些变量的值,以便使<表达式 2>的值为假,使 for 循环能够结束。

(2)while 语句的一般形式如下:

```
while( <表达式>)
    <语句>
```

式中,<表达式>是循环条件表达式,为真时执行循环体<语句>,为假时结束循环。

(3)do – while 语句的一般形式如下:

```
do
    <语句>
while( <表达式>);
```

do-while 语句与 while 语句功能类似,只是循环条件的判断是在循环语句的末尾,即 do-while 语句先执行循环体<语句>,然后再对<表达式>求值并判断。注意,do-while 语句的循环体至少执行一次,而 while 语句的循环体可能一次也不执行。do-while 语句一般很少用,因为 do-while 语句完全可以为 while 语句所取代,反之则不然。

3.转移语句

转移语句的作用是改变程序的顺序执行流程,将程序执行流程转移到程序其他地方。C++ 转移语句包括 break、continue、return 和 goto 语句。

break 语句可用在 switch 多分支结构和循环结构中。在 switch 结构中,break 语句用于跳出 switch 结构。在循环结构中,break 语句用于跳出当前循环,即程序遇到 break 语句时提前结束本层循环,转去执行循环结构后面的语句。使用 break 语句可以让循环结构有多个出口,在一些场合下使编程更加灵活、方便。

continue 语句只用于循环结构,其作用是结束本次循环(区别于 break 语句,continue 并不跳出当前层循环),即不再执行循环体中 continue 语句之后的语句,而直接转入下一次循环条件的判断。

goto 语句是无条件转移语句,用于将程序流程转移到指定的标号处。goto 语句在一定程度上造成了程序流程的混乱,破坏了程序结构,降低了目标代码效率,不利于程序的阅读和调试,应该尽量少用。

四、函数

函数是组成程序的基本功能单元,一个复杂的程序经常被分解为若干个相对独立且功能单一的子程序即函数进行设计。函数编写好以后,就可以反复使用,例如,C++ 系统函数库提供了几百个完成不同功能的函数,编程时可以直接拿来使用。函数的使用极大地方便了程序的编写、阅读、修改和调试。

1.函数的定义

C++ 程序由函数组成,即使最简单的程序也至少有一个 main 主函数,因此,C++ 程序设计的主要任务就是编写函数。使用一个函数之前,首先要定义该函数。所谓函数的定义,就是编写实现特定功能的函数代码。

函数定义的内容主要包括函数的名称、函数的类型、形参说明和函数体(完成函数功能的语句序列),其一般形式如下:

［＜存储类型＞］＜函数类型＞＜函数名＞(＜形参表＞)
{
　　＜函数体＞
}

＜函数类型＞指定了函数返回值的类型,返回值是通过 return 语句返回的,函数类型必须与 return 语句返回值的类型一致。如果函数没有返回值,则函数类型应指定为 void 类型。如果不指定函数类型,则其默认类型为 int 型。

＜函数名＞是要定义的函数的名称,取名规则必须符合标识符语法要求。

＜形参表＞是一个用逗号分隔的变量声明列表,这些变量称为函数的形参,表示将被函数访问的入口参数。真正执行函数时,形参将被实参取代。函数如果没有形参,形参表可以为空,或用 void 表示。

花括号内的＜函数体＞由一系列语句组成,用于实现函数的具体功能。注意,与 C 语言一样,C++ 不允许嵌套定义函数,即将一个函数定义放在另一个函数的函数体内。

一般不指定＜存储类型＞,除非需要将函数定义为 static 静态函数,不指定＜存储类型＞时默认为 extern 外部函数。

2.函数的调用

所谓函数的调用是指调用一个函数的函数体代码。函数定义后并不被执行,只有当定义的函数被调用时,程序才转去执行函数。除了 main 主函数由系统自动调用外,其他函数都是被别的函数通过函数调用语句所调用。调用某个函数的函数称为主函数,被调用的函数称为被调函数。函数调用的语法形式如下:

　　<函数名>(实参1,实参2,…,实参 n)

函数调用通过赋予形参实际的参数值(实参),从而完成对实际数据的处理。

有返回值的函数结尾都有 return 语句,其作用是结束函数调用,将程序的执行流程返回到主调函数,并把 return 语句中表达式的值返回给主调函数。没有返回值的函数可以没有 return 语句,执行完函数最后一条语句也自动返回到主调函数。值得说明的是很多标准 C++ 的编译器都不支持不带返回值的主函数 void main( ),如果使用了不带返回值的主函数,有些编译器通不过语法检查,有些给出警告提示。如果想让程序具有很好的可移植性,主函数要带 int 型返回值:int main( )。

3.函数的声明

C++ 允许函数调用在前,函数定义在后,但此时要求在函数调用前必须先进行函数的声明(function declaration)。函数声明的作用是把函数名、函数类型和形参的类型告诉编译系统,以便在调用函数时按此进行语法检查。函数声明也称为函数原型,函数声明与函数定义的函数头基本相同,注意结尾要加一个分号。

函数声明的一般形式如下:

[<存储类型>]　 <数据类型>　　<函数名>(形参表);

函数声明也可以不写形参名,只写参数类型。以下给出了两种函数声明方式:

void wstiff( );　　　　　　　//声明无返回值无形参的函数

void stiff(short ie);　　　　//声明无返回值有形参的函数

当进行多个文件的编译时,通常的做法是将所有的函数声明语句放在一个头文件中,然后在需要调用函数的源程序文件中使用#include 预编译指令包含相应的头文件,而不必在程序中直接进行函数声明,这样也保证了函数声明的一致性。

五、文本文件的输入和输出

文本文件是 C++ 文件输入/输出的默认模式。文本文件的存储方法比较简单,它是以字节为单位依次存储字符的编码。打开文件的第一步,是先用文件流定义一个对象,然后再使用该文件流对象的成员函数打开一个外存上的文件,建立流对象与文件的关联。本书中用于文件操作的流主要有以下 2 种:

ifstream:该类仅用于文件输入。

outstream:该类仅用于文件输出。

比如:

ifstream fin("h：\\mydata\\fr. txt");　　　　//定义指定路径下的文件为输入流 fin

ofstream fout("h：\\mydata\\fw. txt");　　　//定义指定路径下的文件为输出流 fout

从输入流中读取数据的具体操作为:

fin >> inti >> x[inti − 1] >> y[inti − 1];

将数据写入输出流的具体操作为:

fout << inti << setw(11) << x[inti − 1] << setw(8) << y[inti − 1] << endl;

参 考 文 献

[1] 李廉锟.结构力学[M].2版.北京:高等教育出版社,1984.

[2] 杨天祥.结构力学[M].2版.北京:高等教育出版社,1986.

[3] 龙驭球,包世华.结构力学[M].2版.北京:高等教育出版社,1979.

[4] 华东水利学院结构力学教研组.结构力学[M].北京:水利电力出版社,1981.

[5] 王焕定,祁皑编.结构力学[M].2版.北京:清华大学出版社,2012.

[6] 李廉锟.结构力学[M].5版.北京:高等教育出版社,2010.

[7] 龙驭球,包世华,袁驷.结构力学[M].3版.北京:高等教育出版社,2012.

[8] 赵超燮.结构矩阵分析原理[M].北京:高等教育出版社,1982.

[9] 王焕定,张永山.结构力学程序设计及应用[M].北京:高等教育出版社,2001.

[10] 刘瑞新,李树东,万朝阳.Visual Basic 程序设计教程[M].北京:电子工业出版社,2000.

[11] 谭浩强.C 语言程序设计[M].3版.北京:清华大学出版社,2014.

[12] 郑阿奇.Visual C++ 教程[M].3版.北京:机械工业出版社,2015.

[13] 王育坚.Visual C++ 面向对象编程[M].3版.北京:清华大学出版社,2013.